Vorwort

1991 habe ich mir meine erste Videokamera gekauft. Ein S-VHS Modell. Damit habe ich 3 Jahre wie der Teufel alles Mögliche gefilmt. Dummerweise habe ich mir die Filme nie angesehen. Mir fehlten damals die technischen Möglichkeiten die Filme zu schneiden. Ich hatte zwar zwei Videorecorder mit eingebauten Schnittcomputern, diese waren aber so kompliziert zu bedienen, dass ich damit nur ein paar Gehversuche gemacht habe. Mit PCs konnte man zwar schon professionelle Schnittergebnisse erzielen, nur war die Geschwindigkeit der damaligen Maschinen noch zu niedrig. Von der Festplattenkapazität mal ganz abgesehen.

Irgendwann, ziemlich genau 15 Jahre nach dem Kauf der ersten Videokamera ☺, habe ich dann mal angefangen mit dem Windows MovieMaker herum zu spielen und dabei festgestellt, dass Video-Bearbeitung auf dem PC eine Menge Spaß machen kann.

Es kam wie es kommen musste, ich kaufte mir eine neue Digitalkamera. Diesmal schon eine mit HD1080 Auflösung. Schnuckelig klein und unglaublich leistungsfähig. Dazu brauchte ich dann natürlich auch ein Schnittprogramm, das nach Möglichkeit keine Wünsche mehr offen lässt. Nach einigen Recherchen und Testversionen bin ich dann bei Magix Video deluxe kleben geblieben. Ich finde, und das ist meine ganz persönliche Meinung, das ist der absolute Überflieger unter den Schnittprogrammen. Alle Effekte und Tricks, die so in meiner Vorstellung herumgeisterten, beherrscht dieses Programm schon.

Anfangs fanden Freunde und Verwandte das gar nicht komisch, wenn ich gefilmt habe. "Läuft das blöde Ding etwa?", waren die eher freundlichen Kommentare dazu. Ich habe mich davon nicht beeindrucken lassen und weiter gefilmt. Aus diesen Schnipseln habe ich die erste DVD gemacht und sie den Freunden zu Weihnachten geschenkt. So hatten die sich noch nie gesehen. Das können Sie mir glauben ☺. Seit dem genieße ich mit meiner Videokamera so etwas wie Narrenfreiheit.

Mittlerweile habe ich auch die Filme von 1991 geschnitten und auf DVD gebrannt. Es ist toll, wenn man sich nicht 10 Minuten lang den schaukelnden Fußboden eines Parkplatzes irgendwo in Florida ansehen muss. Sie wissen sicher, was ich meine ☺.

leicht zu verstehen und praxiserprobt

Von der Kamera auf die DVD mit Magix Video deluxe

Für Einsteiger, die ihre Videofilme gekonnt präsentieren wollen.

Copyright © 2010 Franz Hansmann
Herstellung und Verlag:
Books on Demand GmbH, Norderstedt
ISBN: 9-783-8423-3276-8

Von der Kamera auf die DVD mit Magix Video deluxe

INHALTSVERZEICHNIS

ÜBER DIESES BUCH 10

DIE METHODIK DIESES BUCHES 11

WIE BEKOMME ICH MEINE FILME AUF DEN PC? 12

WO SOLL DAS FILMMATERIAL HIN? 13

PLATZBEDARF 13

WIE KANN ICH MIR DIE FILME VOR DEM SCHNEIDEN ANSEHEN? 14

MACHEN SIE EINEN PLAN 15

WIE GEHT MAN SYSTEMATISCH VOR? 16
    AUFNAHME 18
    BEARBEITUNG 18
    BRENNEN 18

UNSER FILMPROJEKT 18

WIR LEGEN DIE ECKDATEN FÜR UNSERE DVD FEST 19

WIR MACHEN UNSERE VORARBEITEN 19

DER PROGRAMMSTART 20

WIR LEGEN EIN NEUES PROJEKT AN 21

DIE BENUTZEROBERFLÄCHE 23

AUFNEHMEN 23
    WAS KANN ICH ALLES AUFNEHMEN? 23
        Video-Quellen 24
        Film- und Ton-Formate mischen? 25
        Ausgabe-Formate 25
        Spielt die Reihenfolge eine Rolle? 25
    AUFNEHMEN ODER IMPORTIEREN? 26
        Filmmaterial 26
        Musik, Kommentare und Geräusche 26
        Fotos 26
    IN DEN PROJEKTORDNER KOPIEREN? 26

Von der Kamera auf die DVD mit Magix Video deluxe

    Ein Film oder mehrere? 27
Wir nehmen unseren ersten Film auf oder importieren ihn **28**
Wir speichern unser Projekt **33**
Wir rufen ein bestehendes Projekt auf **34**
Wir importieren einen weiteren Film oder nehmen ihn auf **36**
Bearbeiten **36**
    Das Storyboard 37
    Szenenübersicht 38
    Film oder Szene? Was für ein Durcheinander 39
    Timeline 40
    So viele Spuren - Wozu? 40
    Auf der Zeitachse bewegen (Film scrollen) 41
    Zeitachse zoomen 42
    Der (Die) Vorschau-Marker 43
    Der Vorschaumonitor 44
    Wir wollen mehrere Filme bearbeiten 45
    Filme umbenennen 46
    Filme löschen 47
    Filme bearbeiten (Schneiden) 48
    Welche Schnittarten gibt es? 48
        Harter Schnitt *48*
        Weicher Schnitt *48*
        Anschlussschnitt *48*
    Was passiert beim Schneiden mit den Originalen? 49
Wir bearbeiten (Schneiden) unseren Film **49**
    Von vorne Schneiden 50
    Von hinten Schneiden 51
    In der Mitte schneiden 51
    Szenen löschen 52
    Szenen zusammenführen 53
Wozu ist eine Gruppierung gut? **54**
    Gruppierung 54
    Gruppierung aufheben 54

Von der Kamera auf die DVD mit Magix Video deluxe

TITEL 55

    Wir machen einen Titel an den Anfang des Films 55
    Wir ändern den Titel nachträglich 56
    Wir löschen den Titel wieder 58
    Wir machen einen animierten Titel 58
    Wir machen einen Abspann an das Ende des Films 59
    Untertitel 60
    Einblendtitel 62
    Titel nachträglich ändern 63

BLENDEN 63

    Eine einfache Blende 63
    Ein- und Ausblenden 64
    Animierte Blende auswählen 65
    Blendenzeit ändern 66
    Blende ändern 66
    Blende löschen 67

WIR MACHEN EINE BLENDE IN UNSEREN FILM 67

EFFEKTE 67

    Was für Effekte gibt es? 68
    Effekte auf den ganzen Film oder Teile des Films anwenden 68
    Effekte ändern 69
    Effekte löschen 69
    Wir machen einen Effekt in unseren Film 70

FOTOS IN DEN FILM INTEGRIEREN 71

    Eine kleine Dia-Show 71

WIR MACHEN FOTOS IN UNSEREN FILM 72

    Wir überblenden unsere Fotos 73
    Fotos löschen 76

WIR MACHEN DEN „EXTRAS"-FILM 77

SZENEN VERSCHIEBEN 78

WIR MACHEN MEHR SZENEN IN UNSEREN FILM 85

ÜBERFLÜSSIGE SZENEN SCHNELL LÖSCHEN 86

Von der Kamera auf die DVD mit Magix Video deluxe

NACHVERTONUNG 88
Lizenzfragen (Rechtliches) 88
Musik 89
Kommentare 90
Geräusche 90
Lautstärke(n) anpassen... 90
Wellenform anzeigen 92
Lautstärkekurven erzeugen 93
Eine Faustregel zur Lautstärkeanpassung 94
Tonspuren schneiden 98
Tonspuren ein- und ausblenden 99
Tonspur verschieben 99

WIR MACHEN MUSIK IN UNSEREN FILM 100

WIR MACHEN GERÄUSCHE IN UNSEREN FILM 101

WIR MACHEN KOMMENTARE IN UNSEREN FILM 102

WIR MACHEN VERWORFENE SZENEN IN DIE OUTTAKES 106

DER FILM IST FERTIG ... ABER! 111
Kapitelmarker setzen 111
Kapitelmarker verschieben 113
Kapitelmarker löschen 113
Kapitelmarker umbenennen 113
Wir machen Kapitel in unseren Film 114

BRENNEN 115
DVD-Menü auswählen 117
Animiertes Menü 118
Eigenschaften des DVD-Menüs verändern 118
Wir brennen unseren Film auf eine DVD 126
DVD auf dem PC abspielen 131
Die DVD läuft oder läuft nicht! 132
DVD-Aufkleber oder bedruckbare DVD 132
DVD-Hülle(n) und Coverdruck 132

BACKUP DES PROJEKTS ANLEGEN...134

WIE BRENNEN SIE MEHRERE DVDS HINTEREINANDER?..................................136

Von der Kamera auf die DVD mit Magix Video deluxe

TIPPS UND TRICKS **137**
   KLEINE WINDOWS FARBENLEHRE 137
   MARKIEREN MEHRERER ELEMENTE 140
      Mit der Maus und Shift-Taste markieren *140*
      Mit der Maus und Strg-Taste markieren *141*
      Mit der Maus umrahmen *142*
   SONDERZEICHEN IM TITEL 143

DOWNLOADS **143**
   BEISPIELFILME 143
   BEISPIELMUSIK 143
   BEISPIELBILDER 144
   BEISPIELCOVER 144
   BUCH-BEISPIEL-PROJEKT ALS DVD 144
   TIPPS & TRICKS-DATENBANK 144

PREMIUM-FUNKTIONEN **144**
   VASCO DA GAMA - ANIMIERTE REISE-ROUTEN 145
   MERCALLI 145
   HEROGLYPH 145
   REALLUSION - ICLONE 145
   MAGIX 3D MAKER 145
   ADORAGE 145

SOFTWARE-EMPFEHLUNGEN **146**
   AUS CD MACH MP3 (CD-EX) 146
   CELTX - DREHBUCH-SOFTWARE KOSTENLOS 146
   VIDEOFORMATWANDLER 146
   VLC-PLAYER 146
   MAGIX MUSIC MAKER 146
   CDBURNERXP 147
   CRAZY TALK 147

GLOSSAR **148**

HAFTUNGSAUSSCHLUSS **172**

Von der Kamera auf die DVD mit Magix Video deluxe

Über dieses Buch

Diese Buch ist keine Enzyklopädie zu Magix Video deluxe. Es richtet sich an den Einsteiger und soll Ihnen in einer verständlichen Sprache zeigen, wie Sie Ihr Filmrohmaterial von der Kamera, über den PC, als fertigen Film mit Klasse und Niveau auf eine DVD bekommen. Dabei ist dieses Buch keinesfalls oberflächlich. Die Screenshots sind aus der Version Magix Video deluxe 17 Premium. Sie werden aber feststellen, dass sich die Bedienung des Programms in den letzten Jahren kaum verändert hat. Schaltflächen und andere Elemente haben ein moderneres Aussehen bekommen. Aber sonst ist eigentlich alles beim Alten. So werden Sie mit diesem Buch auch mit älteren Versionen des Programms mühelos klar kommen. Sogar mit der Version Magix Video pro kommen Sie in Verbindung mit diesem Buch zu Ihrer fertigen DVD. Magix Video deluxe ist ein durchaus professionell zu nennendes Schnittprogramm. Nur braucht man viele Funktionen vielleicht gar nicht, wenn man die Urlaubs-, Hochzeits- oder Tauffilme auf eine DVD bringen möchte. Als Einsteiger ist man, mit den schier unfassbaren Möglichkeiten dieses Programms, einfach überfordert. Dabei will man doch schnell ein Erfolgserlebnis haben. Tiefer einsteigen und immer besser und professioneller werden kann man, wenn man die Basics beherrscht. Sie werden sehen, dieses Buch wird Sie zu einem schnellen und beachtlichen Erfolg führen. Vielleicht sollte ich auch mal sagen, was dieses Buch nicht macht. Es hilft Ihnen nicht ein besserer Kameramann zu werden. Da kann ich Ihnen ein anderes Buch empfehlen, dass verständlich und anschaulich zeigt, wie man bessere Filme dreht: Die Videoschnitt-Schule von Axel Rogge, ISBN: 3-8984-2833-8. Oder treffen Sie sich mit anderen Videobegeisterten. In vielen Städten gibt es Videoclubs. Dort tummeln sich teilweise Leute, die wirklich viel Erfahrung auf dem Gebiet haben.

Ich gehe hier davon aus, dass Sie Magix Video deluxe schon besitzen und installiert haben. Zu beschreiben, wie man das Programm installiert, können wir uns also schenken. Ich gehe weiter davon aus, dass Sie die Software auch starten und beenden können. Das schenken wir uns hier also auch. Aber was man so in der Zeit zwischen Starten und Beenden mit dem Programm machen kann, das finden Sie hier. Die Beispiel-Videos aus diesem Buch und auch zahlreiche Tipps- und Tricks, die es nicht in dieses Buch geschafft haben, finden Sie auf meiner Homepage **www.net4web.de**. Alle diese Downloads sind kostenlos.

Im Titel dieses Buches heißt es nicht umsonst **Von der Kamera auf die DVD**. Dieses Buch soll Ihnen eine schnelle und effektive Hilfe sein, um genau diese Problemstellung zu lösen. Die Beispielvideos sind nicht perfekt gefilmt, der Originalton gefällt mir oft auch nicht und die Gesamtkomposition ist mir zu langweilig. Vielleicht geht Ihnen das bei Ihrem eigenen Filmmaterial genauso? Dann sind Sie hier genau beim richtigen Buch gelandet. Sie werden während der Arbeit mit dem Buch und den Beispielvideos merken, dass ich es Ihnen nicht allzu leicht mache. Das hat einen guten Grund. Sie werden niemals einen perfekten Arbeitsablauf haben, bis Ihr Film fertig auf einer DVD ankommt. Sie werden immer wieder etwas verändern und verbessern. Solange bis Sie zufrieden sind. Und genau dabei warten ein paar Stolpersteine auf Sie, die man meiner Meinung nach einfach nur mal gezeigt bekommen muss, um damit fertig zu werden. Ihnen nur perfekte, glatte Videos zu präsentieren, die Sie nur noch aneinanderreihen müssen, entspräche nicht der Realität. Wir sind nicht die perfekten Oscar-verdächtigen Kameraleute, die so gut wie nichts schneiden müssen. Wir haben auch nicht das perfekte Set, in dem nur die Leute durchs Bild laufen, die da auch hin gehören. Vom Licht mal ganz abgesehen. Wir drücken auch mal einen falschen Knopf an der Kamera. Das ist schließlich unser Hobby und nicht unser Beruf. Bei unserer Art zu Filmen ist fast nichts planbar, es passieren Dinge, die wir nicht vorhersehen konnten oder die wir nicht verhindern konnten, weil alles zu schnell passierte. Da ist ein Videoschnittprogramm hinterher doch eine tolle Lösung. Sie haben Ihre Filme im PC und können ab da alles damit machen, was Sie sich in Ihrer Phantasie vorstellen können. Und das Beste daran ... Sie haben dazu alle Zeit der Welt.

Die Methodik dieses Buches

Ganz ohne Theorie geht es nicht. In den Kapiteln Aufnehmen, Bearbeiten und Brennen finden Sie immer zunächst eine ausführliche Beschreibung der wichtigsten Funktionen. Lesen Sie sich zunächst immer einen dieser Abschnitte durch. Wenn Sie einen solchen Abschnitt gelesen haben, folgt immer ein Kapitel, dass mit dem Wort **Wir** anfängt. Z.B. **Wir schneiden einen Film**. Mir ist nichts Besseres eingefallen ☺. Dieses Kapitel beschreibt den praktischen Teil der Arbeit mit einer Film-Sequenz. Im Kapitel *Downloads* dieses Buches finden Sie die dazu passenden Download-Adressen, bei der Sie die Filme, Musik, Geräusche und Kommentare herunterladen und dann nachbearbeiten können. Natürlich können Sie auch eigene Filmsequenzen verwenden. Das macht vielleicht auch mehr Spaß als meine Urlaubsfilme zu bearbeiten ☺. Das Urheberrecht all dieser Filmsequenzen, Fotos und Musikstücke die auf meiner Homepage *www.net4web.de* zum Download bereit stehen, liegt beim Autor dieses Buches. Die Nutzung dieser Beispieldateien ist für Übungs- und Lehrzwecke in Verbindung mit diesem Buch ausdrücklich gestattet. Die Nutzung für andere Zwecke ist nur mit der ausdrücklichen schriftlichen Erlaubnis des Autors gestattet. So. hätten wir die lästigen Rechtsfragen auch geklärt. **Jetzt fangen wir mit der Arbeit an!**

Wie bekomme ich meine Filme auf den PC?

Grundsätzlich ist das Abhängig von der verwendeten Videoquelle. Alter vor Schönheit würde ich sagen. Fangen wir mit den älteren Systemen an.

Sie haben noch Super8-Material? Es gibt Geräte, mit denen Sie diese selber digitalisieren können. Davon würde ich aber eher abraten. Machen wir uns nichts vor. Diese Filme wurden meist seit Jahrzehnten nicht mehr angesehen. Das Filmmaterial ist oft schon ziemlich spröde und brüchig. Beauftragen Sie lieber Fachleute damit. Wenn Sie ein wenig googeln, werden Sie Anbieter finden, die das für Sie erledigen. Sie bekommen dann eine DVD zugeschickt, die oft sogar schon mit einer Hintergrundmusik versehen ist. Kopieren Sie die Dateien von der DVD einfach auf Ihre Festplatte. Wenn Sie eine DVD mit Menü bekommen haben und nicht wissen, welche die eigentlichen Filmdateien sind, schauen Sie sich einfach die Dateigrößen an. Die Filmdateien sind meist viele Megabyte groß.

Wenn Sie noch über Bandmaterial aus VHS, S-VHS oder HI8 verfügen, empfehle ich Ihnen den Kauf eines Video-Grabber (Videodigitalisierers). Diese Geräte sind kleine USB-Stecker, bei denen in der Regel auch schon alle benötigten Kabel im Lieferumfang sind. Sie benötigen einen freien USB-Steckplatz und etwas Geduld. Das Digitalisieren dauert nämlich solange, wie der Film lang ist. Am Ende haben Sie dann eine Filmdatei auf Ihrem PC, die Sie mit Magix Video deluxe sofort weiterverarbeiten können.

Haben Sie schon eine Videokamera, die in irgendeiner Form das Filmmaterial digital speichert? Umso besser. Es gibt vier verschiedene Speichertypen: Band, Festplatte, DVD und Speicherchip. Bei all diesen Kameras ist eine Software im Lieferumfang, mit deren Hilfe Sie das Filmrohmaterial auf Ihre Festplatte kopieren können. Bei den Kameras mit Speicherchip gibt es noch eine andere Variante. Wenn Sie über einen Kartenleser (Card-Reader) verfügen, können Sie die Filmdateien auch über den Windows-Explorer auf die Festplatte kopieren. Ich habe eine Kamera mit Speicherchip und bevorzuge diese Methode, weil ich dann nicht so viel Kabelsalat und auch noch die Kamera auf dem Schreibtisch liegen habe. Außerdem geht das Kopieren auf die Festplatte rasend schnell. Bei Kameras, die das Filmmaterial direkt auf DVD brennen, können Sie natürlich auch diese DVD in Ihren PC einlegen und die Filme von dort auf Ihre Festplatte kopieren.

Wo soll das Filmmaterial hin?

Diese Frage bekomme ich ziemlich oft gestellt und sie verblüfft mich immer wieder. Videos gehören natürlich in den Ordner **Videos** (Windows Vista und Windows 7) oder in den Ordner **Eigene Dateien/Eigene Videos** (Windows XP). Diese Ordner sind bei Windows schon vorinstalliert. Links sehen Sie ein Beispiel aus Windows 7 (Pfeil 1). In diesem Ordner **Videos** legt man sich zweckmäßigerweise Unterordner an. Ich habe dort Ordner, die als Namen einfach die Jahreszahl haben und darin wiederum Ordner, die das Event beschreiben, bei dem ich gefilmt habe. Ein typischer Speicherort wäre dann z.B. **Videos/2010/Sommerurlaub/**. So finde ich mein Rohmaterial immer schnell wieder. Es sind aber auch andere Speicherstrukturen denkbar. Das überlasse ich Ihnen

Platzbedarf

Die Frage des Platzbedarfs ist ganz schwer zu beantworten. Es ist abhängig vom Format und der Menge Ihrer Filmdaten. Mir fällt da nur ein abgedroschenes Zitat ein: Nicht kleckern, sondern klotzen. Festplatten mit mehr als 1 Terra-Byte, das sind 1000 Giga-Byte. Festplatten in dieser Größe bekommt man für kleines Geld. Moderne PCs haben Festplatten in dieser Größe, oder noch größer, schon eingebaut. Bei meiner Digitalkamera, es ist ein HD1080-Modell, fallen pro 10 Minuten Film etwa 4 Giga-Byte Daten an. Pro Stunde als etwa 24 Giga-Byte. Und Sie haben dann noch nichts geschnitten oder auf eine DVD gebrannt. Mit einer 40 Giga-Byte Festplatte sollten Sie also gar nicht erst versuchen was zu reißen. Bei "normaler" PAL-Auflösung ist das natürlich bedeutend weniger. Aber auch da kann man als Faustregel sagen, um eine DVD mit einer Stunde Film zu brennen sollte man schon zwischen 20 und 30 Giga-Byte Platz haben. Mehr Platz über eine externe Festplatte zur Verfügung zu stellen, ist grundsätzlich möglich. Ich würde Ihnen aber aus Geschwindigkeitsgründen eher davon abraten.

Wie kann ich mir die Filme vor dem Schneiden ansehen?

Sind Sie auch immer neugierig, wie ein Film geworden ist? Ich kann das meist kaum abwarten. Auf dem kleinen Display der Kamera sieht man ja nur alles in Miniatur. Gelobt seien große Monitore ☺. Die meisten Kameras speichern das Filmmaterial in einem Format, dass der Windows-Media-Player abspielen kann. Grundsätzlich erkennen Sie das daran, dass Sie im Windows-Explorer in der Miniaturansicht das erste Bild aus Ihrem Filmmaterial sehen. Die Filmstreifen drum herum signalisieren Ihnen, dass es sich um eine Filmdatei handelt.

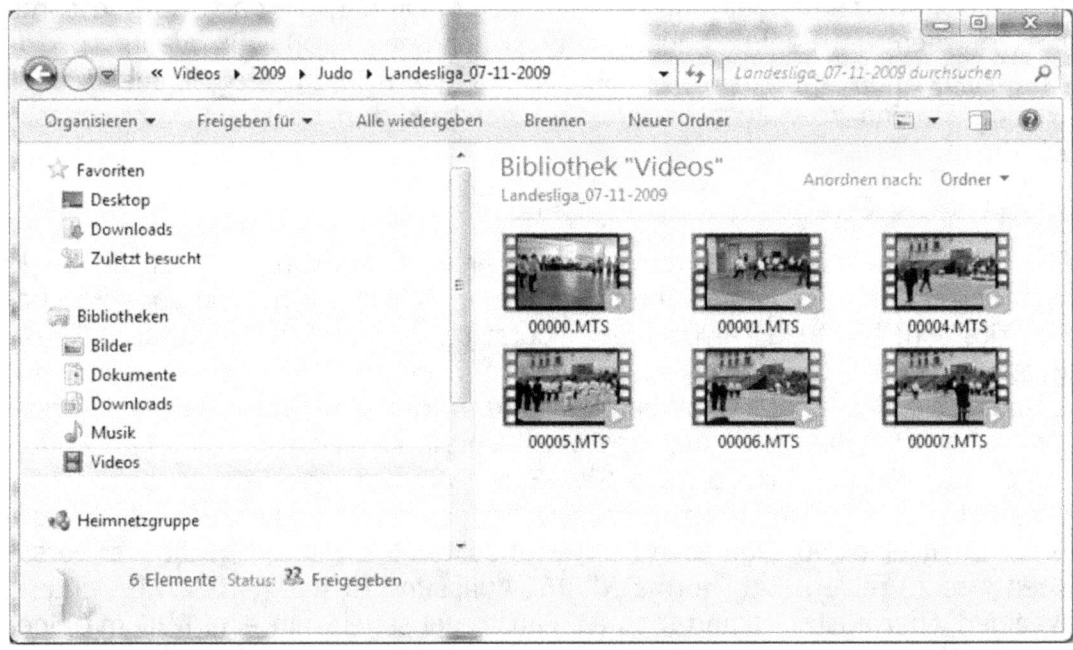

Ein Doppelklick auf eine solche Datei startet den Film im Windows Media-Player. Manche Kameras haben auch eigene Abspielprogramme im Lieferumfang. Unter Windows ist immer ein Programm mit solchen Mediendateien verknüpft. Das bedeutet, dass ein Doppelklick auf eine Mediendatei, diese direkt in dem damit verknüpften Programm öffnet. Wenn Sie keine Vorschaubilder wie im obigen Beispielbild sehen, können Sie davon ausgehen, dass Ihr verknüpftes Abspielprogramm diese Datei auch nicht korrekt wiedergeben kann. Dann müssen Sie die Mediendatei mit einem anderen Programm starten.

Von der Kamera auf die DVD mit Magix Video deluxe

Sollten Sie also keine Vorschaubilder sehen, machen Sie auf einer solchen Filmdatei einen kurzen Rechtsklick auf Ihrer Maus und wählen Sie den aus dem sich öffnenden Kontextmenü den Befehl **Öffnen mit...** (Pfeil 1).

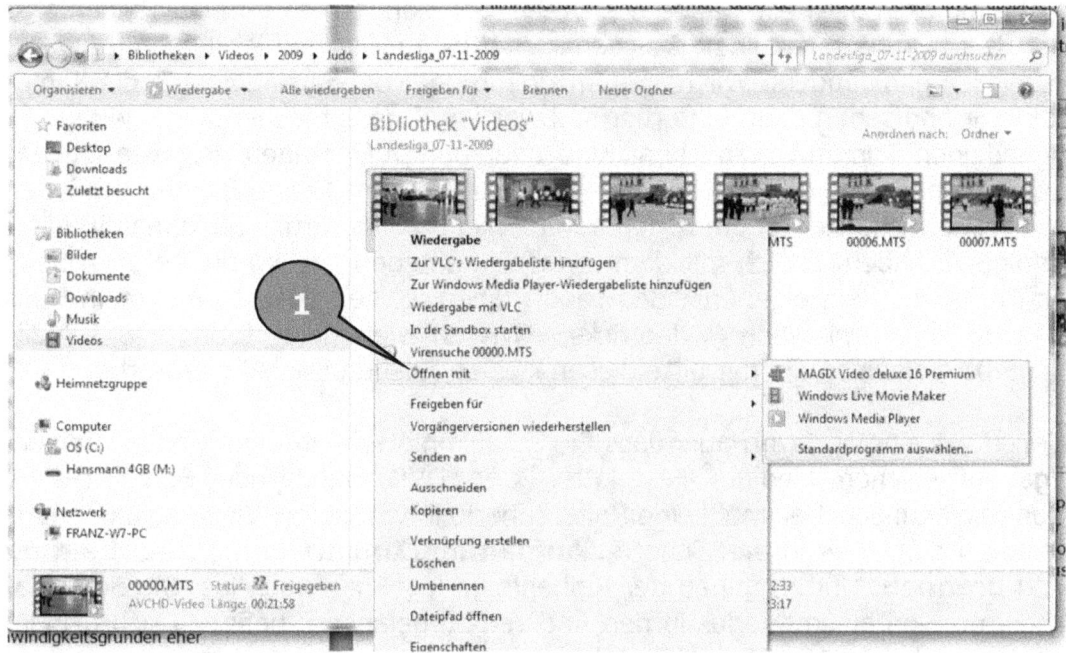

Dort können Sie ein anderes installiertes Abspiel-Programm auswählen. Wenn keines der Programme Ihre Filme aus dem Windows-Explorer heraus abspielt, empfehle ich Ihnen den Download des kostenlosen Media-Players **VLC** (www.videolan.org). Der spielt wirklich nahezu jede Video-Datei ab.

Machen Sie einen Plan

Meistens ist es so, dass ich zumindest eine ungefähre Vorstellung davon habe, was, wann und wie in meinen Film machen möchte. Wann immer ich eine Idee habe, mache ich mir eine Notiz dazu. Irgendwann habe ich so etwas wie ein Stichwortverzeichnis, dessen einzelne Punkte ich dann nur noch in die richtige Reihenfolge bringen muss, bevor ich tatsächlich anfange meinen Film zu bearbeiten. Während der Arbeit kommen mir natürlich neue Ideen. Wenn es zeitlich vertretbar ist, flechte ich die noch ein, sonst nicht. Das Problem ist ja, wenn man immer neue Ideen einbauen will und dann noch eine und noch eine, wird so ein Film niemals fertig. Also hebe ich mir ein paar Ideen für den nächsten Film auf.

Wie geht man systematisch vor?

Im Profifilmgeschäft läuft alles etwas anders ab, als es wahrscheinlich bei Ihnen und mir ist. Die Profis haben ein Drehbuch und drehen Szene für Szene ab. Nicht immer in der Reihenfolge des Drehbuchs, sondern eher in der Reihenfolge der Sets bzw. Bühnenbilder. Das senkt die Kosten. Sie und ich filmen da wahrscheinlich ganz anders. Wir halten im Urlaub oder bei Familienfesten die Kamera drauf und sehen dann hinterher mal was wir daraus machen. Oder wir sehen irgendeinen Trick im Fernsehen, Kino oder auf DVD, fragen uns, wie die das gemacht haben und versuchen das nach zu machen. Diese Tricktechnik ist so etwas wie mein Steckenpferd. Ich scheue nicht davor zurück auch mal 50 Misserfolge zu haben, bis ich mit dem Ergebnis zufrieden bin. Wenn Sie auch Spaß an Tricks aus dem eigenen Video-Labor haben, sollten Sie sich mal mein Buch zu dem Thema ansehen (Videotricks – Wissen wie's geht! ISBN: 978-3-8423-0695-0). Verzeihen Sie mir bitte diesen kleinen Ausflug in die Eigenwerbung ☺.

Gehen wir einmal davon aus, dass Sie Ihr Filmmaterial in einer Kamera haben. Egal auf welchem Medium. Festplatte, Band, DVD, Handy oder Speicher-Chip. Das spielt zunächst einmal keine Rolle. Innerhalb von Magix Video deluxe unterteilt sich die Arbeit in drei Schritte. **Aufnahme (Importieren)**, **Bearbeitung** und **Brennen**. Und in genau der Reihenfolge legt man auch los. Die Schaltflächen, um von einem Modus in den Anderen zu gelangen, befinden sich bis Magix Video deluxe 16 ganz rechts oben im Fenster. Ein einfacher Mausklick auf

die entsprechende Schaltfläche genügt um in den jeweils anderen Modus zu wechseln. Mit Magix Video deluxe 17 gab es ein kleines Facelifting. Der Schaltfläche **Aufnehmen** ist an dieser Stelle verschwunden. Jetzt sieht es dort so aus wie

im linken Bild. Keine Sorge. Aufnehmen kann man immer noch.

Von der Kamera auf die DVD mit Magix Video deluxe

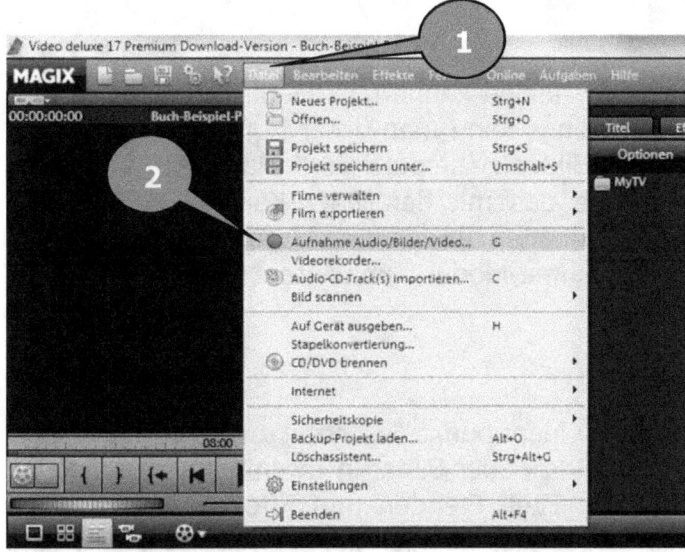

Man konnte auch in den älteren Versionen von Magix Video deluxe die Aufnahme genauso starten, wie unter der aktuellen Magix Video deluxe Version. Es gibt z.B. den Menübefehl **Datei/Aufnahme** (Pfeile 1 & 2).

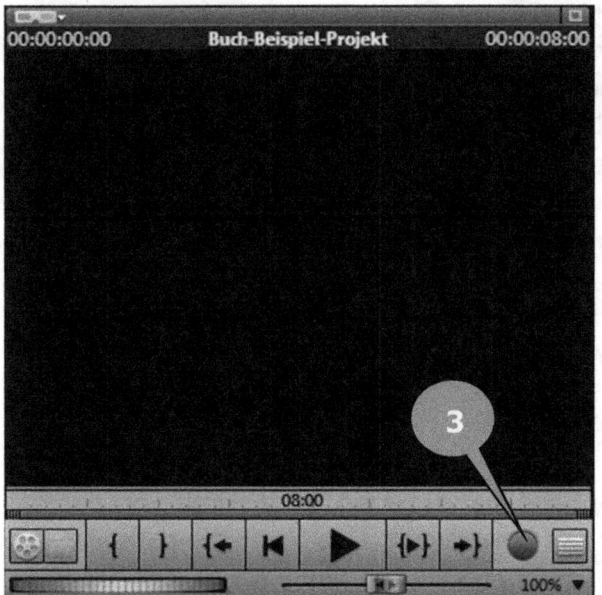

Es geht aber noch schneller. Der kleine rote Punkt unter dem Vorschaumonitor wird gerne mal übersehen ☺ (Pfeil 3). Auch der öffnet das Aufnehmen-Fenster. Wenn Sie Ihr Filmmaterial schon auf der Festplatte haben, können Sie sich auch ein paar Klicks sparen, in dem Sie einfach auf die Registerkarte **Import** klicken (Pfeil 4).

Der Vorteil liegt klar auf der Hand. Sie sehen sofort den Verzeichnisbaum Ihrer Festplatte vor sich. Unter Windows XP finden Sie unter dem Eintrag Eigene Medien u.a. den Ordner Eigene Videos und bei Windows Vista und Windows 7 den Benutzerordner Video (Eigene Videos). Voraussetzung ist natürlich, dass Sie Ordnung gehalten haben auf Ihrer Festplatte ☺.

Aufnahme
Aufnehmen hätte auch importieren heißen können. Schließlich haben Sie Ihre Filme ja schon aufgenommen. Allerdings kann man unter Aufnahme weit mehr machen als nur Filme, Musik oder Bilder zu importieren. Man kann z.B. auch den Bildschirminhalt abfilmen, ohne das mit der Video-Kamera zu machen. Auch wenn Sie bereits mit dem Bearbeiten Ihres Films begonnen haben, können Sie jederzeit zurück in den Aufnahme-Modus, um weitere Dateien zu importieren bzw. aufzunehmen.

Bearbeitung
Die meiste Zeit werden Sie mit dem Menüpunkt **Bearbeiten** verbringen. Dort können Sie alle importierten Filme, Musik oder Bilder in Ihrem Film im zeitlichen Ablauf frei positionieren, schneiden, Titel, Blenden und Effekte einfügen. Die Möglichkeiten, die Ihnen Magix Video deluxe hier zur Verfügung stellt, sind schier unglaublich. Wahrscheinlich verbringt man deshalb im Bearbeiten-Modus die meiste Zeit. Ich kann mich oft nicht so schnell für eine Musik oder eine Blende entscheiden und muss immer rumprobieren, ob etwas anderes nicht noch besser wirken würde. Am Ende bin ich aber trotzdem immer wieder erstaunt, wie schnell ich die Filme fertig bearbeitet auf einer DVD habe.

Brennen
Das **Brennen** des fertig bearbeiteten Films auf eine CD, DVD oder Blu-ray ist das große Finale. Hier können Sie auswählen, wie z.B. ein DVD-Menü aussehen soll. Sie können ein vorgefertigtes Menü auswählen oder ein Eigenes kreieren. Das Selbstkreieren ist nicht so schwierig, wie Sie jetzt vielleicht vermuten würden. Sie werden das noch sehen.

Unser Filmprojekt
Ziel dieses Buches ist es, Sie in die Lage zu versetzen, Ihre Filme von der Kamera bis auf eine DVD oder Blu-ray zu bekommen. Und zwar so, dass Sie sich nicht schämen müssen, wenn Sie die Ergebnisse jemandem zeigen. Ganz im Gegenteil. Ihre Zuschauer soll es von den Socken hauen, wenn sie Ihren Film ansehen. Ihre DVD soll dabei alles haben, was eine gekaufte DVD auch hat. Rollen Sie nicht mit den Augen ☺. Sie kriegen das hin. Da bin ich ganz sicher. Wenn Sie mit meinem Filmmaterial einen ersten Versuchsballon starten wollen, können Sie sich das Rohmaterial von meiner Homepage herunter laden. Jeder Filmschnipsel ist zwar viele Mega-Byte lang. Trotzdem werden wir damit nicht auf Spielfilmlänge kommen. Um die Techniken mit Magix Video deluxe zu erler-

Von der Kamera auf die DVD mit Magix Video deluxe

nen ist das ja auch gar nicht nötig. Die Filmschnipsel liegen im MPEG4-Format vor. Diese Dateien sind bei hervorragender Qualität recht klein.

Wir legen die Eckdaten für unsere DVD fest

Was soll unsere DVD denn so alles haben? Natürlich einen **Hauptfilm**. Zusätzlich möchten wir eine Rubrik Namens **Outtakes** und eine mit Namen **Kommentare** zum Film haben. Einige Fotos sollen im Film vorkommen und wir wollen eine Rubrik **Extras** haben, die nichts anderes ist als eine Dia-Show mit unseren besten Urlaubsbildern. Ich hoffe doch, dass Sie nicht nur filmen, sondern auch fotografieren ☺. Jede Rubrik bekommt einen animierten Vor- und Abspann. Die Dia-Show wird mit Musik unterlegt, Effekten versehen und mit Texteinblendungen versehen. Die eigentlichen Filmrubriken, Hauptfilm, Outtakes und Kommentare werden unterschiedlich vertont. Teilweise wird der Originalton beibehalten, teilweise wird er durch Hintergrundmusik oder gesprochene Kommentare ersetzt und teilweise werden Originalton und Hintergrundmusik/Kommentare gemischt. Die DVD selbst wird ein animiertes und mit Musik unterlegtes Auswahlmenü erhalten, aus dem heraus die vier Rubriken Hauptfilm, Outtakes, Kommentare und Extras direkt angewählt werden können. Wir werden dabei ein eigenes animiertes DVD-Menü erstellen. Zusätzlich wird der Hauptfilm Kapitelmarker erhalten, mit deren Hilfe jede Szene im Film direkt angewählt werden kann. Klingt kompliziert? Ist es aber nicht!

Wir machen unsere Vorarbeiten

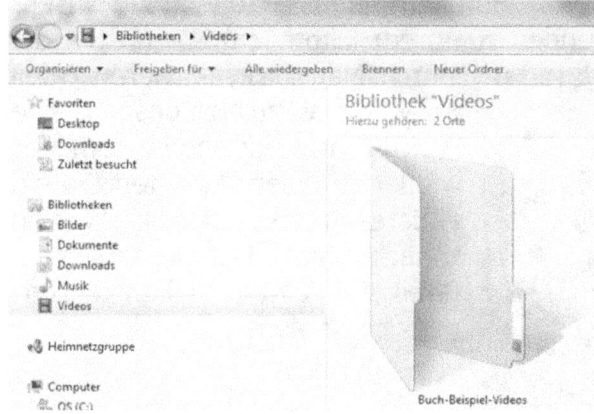

Legen Sie sich zunächst einen neuen Ordner auf Ihrer Festplatte an. Dort soll das Filmrohmaterial hinein. Wenn Sie mit Windows-XP arbeiten, legen Sie sich im Ordner **Eigene Dateien/Eigene Videos** einen Unterordner mit Namen **Buch-Beispiel-Videos** an. Arbeiten Sie mit Windows Vista, legen Sie sich unter **Benutzer/Videos** einen Unterordner mit Namen **Buch-Beispiel-Videos** an. Arbeiten Sie mit Windows 7, legen Sie den neuen Ordner **Buch-Beispiel-Videos** als Unterordner in **Bibliotheken/Videos** an. Links sehen Sie ein Beispiel für Windows 7. Ab hier gebe ich im Buch nicht mehr für jede Windowsversion den kompletten Pfad an, sondern nenne nur noch den Ordner beim Namen: **Buch-Beispiel-Videos**. Als Nächstes laden Sie sich die Videos, Musik, Geräusche, Kommentare und Fotos von meiner Homepage herunter und speichern Sie im Ordner **Buch-Beispiel-Videos**. Im Kapitel *Downloads* finden Sie die Internetadresse zu allen hier verwendeten Dateien.

Sie können natürlich auch eine Auswahl Ihrer Filmdateien und Fotos in diesen neuen Ordner kopieren.

Der Programmstart

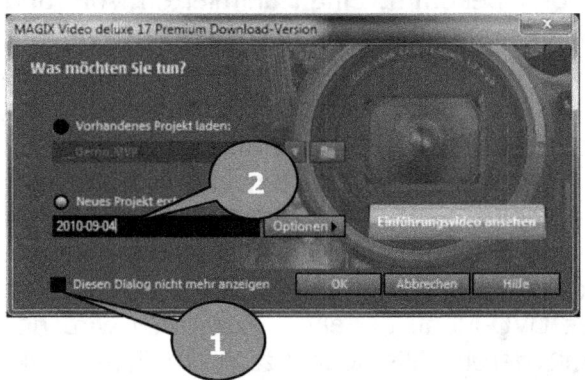

Bei jedem Programmstart öffnet sich dieses kleine Fenster, sofern Sie es nicht durch setzen des Häkchens beim Eintrag **Diesen Dialog nicht mehr zeigen** (Pfeil 1) abgeschaltet haben. Voreingestellt ist, dass Magix Video deluxe Ihnen vorschlägt, ein neues Projekt zu erstellen.

Für dieses Projekt schlägt das Programm als Namen das aktuelle Datum vor (Pfeil 2). Hier würde ich Ihnen empfehlen, sich einen treffenderen Namen für Ihr neues Projekt auszudenken. Etwa "Sommerurlaub 2010" oder "Unsere Hochzeit" oder etwas anderes passendes zu Ihrem Filmthema. Wenn Sie die Schaltfläche **Vorhandenes Projekt laden:** durch Mausklick aktivieren (Pfeil

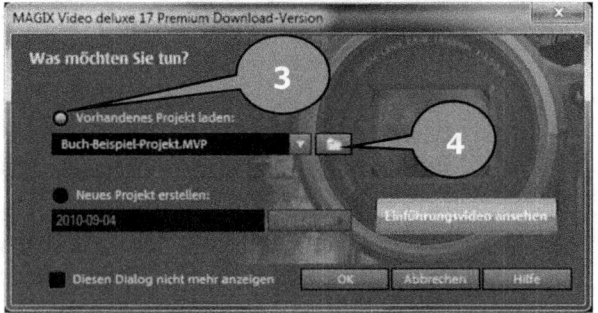

3), wird das zuletzt gespeicherte Projekt vorgeschlagen um es wieder zu laden. Möchten Sie ein anderes Projekt laden, klicken Sie zunächst auf das Ordnersymbol (Pfeil 4). Folgendes Fenster öffnet sich daraufhin:

Von der Kamera auf die DVD mit Magix Video deluxe

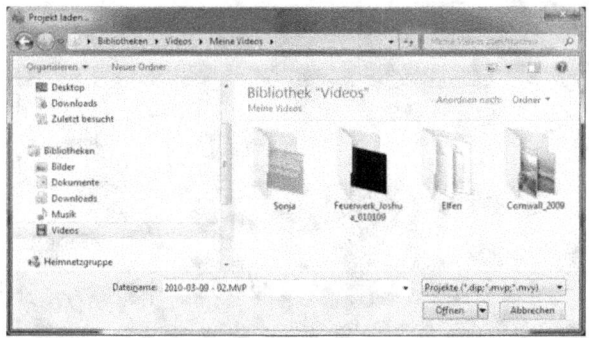

Das ist das Standard-Fenster um eine Datei zu öffnen. In anderen Programmen sieht das meist genauso aus. Wählen Sie den entsprechenden Ordner aus und doppelklicken Sie die gewünschte Projektdatei. Sie fragen sich, welche die Projektdatei ist? Diese ist ganz leicht zu erkennen. Die Piktogramme der Magix Video deluxe-Projekte sehen immer so aus, wie im Bild links zu sehen. Darunter, oder je nach Ansichtsform auch daneben, steht der Projektname. Sofern Sie Ihren PC entsprechend eingestellt haben, steht zusätzlich die Endung **.MVP** hinter dem Projektnamen. **MVP** steht dabei für **M**agix **V**ideo **P**rojekt.

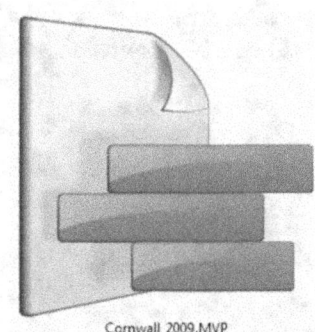

Wir legen ein neues Projekt an

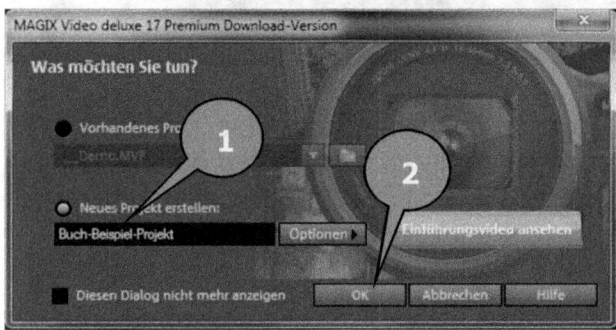

Wir gehen mal davon aus, dass Sie schon irgendwo Filme haben und einen PC besitzen, auf dem Magix Video deluxe installiert ist. Also müssen Sie zunächst einmal ein neues Projekt anlegen. Achten Sie beim Programmstart darauf, dass der Bereich **Neues Projekt erstellen** in dem kleinen Fenster aktiviert ist. Als Projektnamen nehmen wir natürlich nicht das aktuelle Datum, sondern einen Namen unserer Wahl. Ich habe mich für **Buch-Beispiel-Projekt** entschieden (Pfeil 1). Sie können aber für sich etwas anderes auswählen. Klicken Sie anschließend auf die Schaltfläche **OK** (Pfeil 2).

Von der Kamera auf die DVD mit Magix Video deluxe

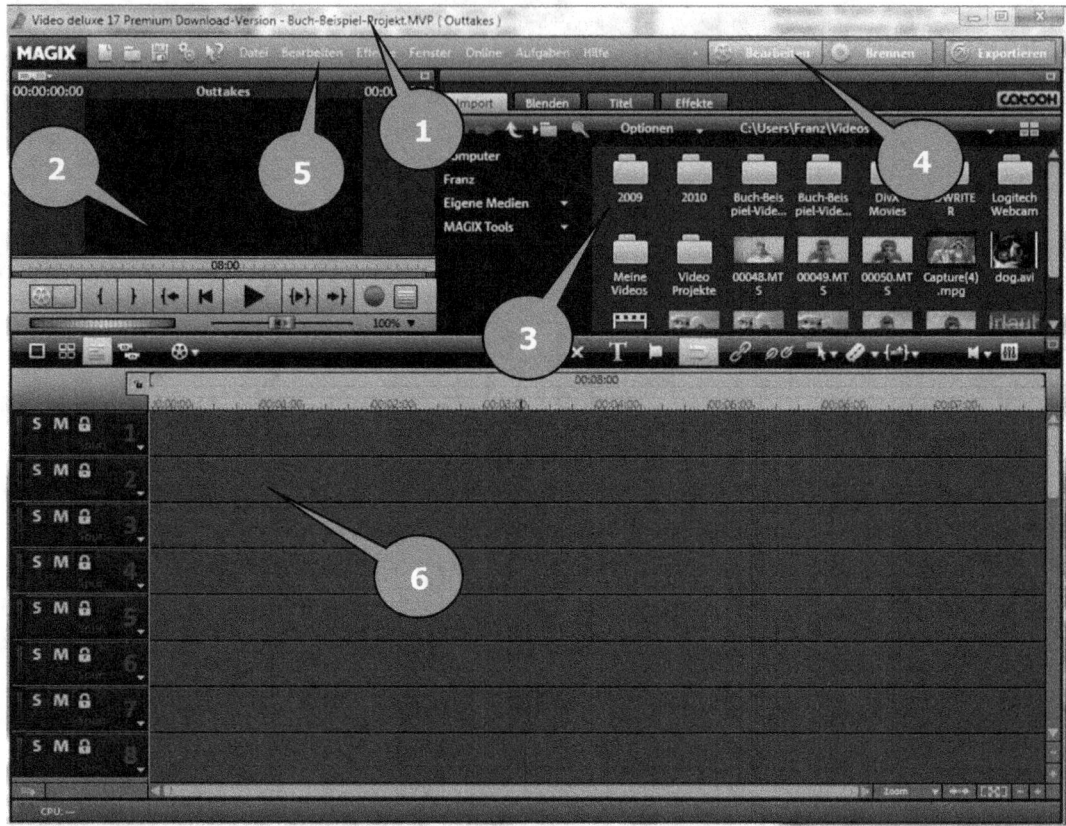

Und schon sind Sie in Ihrem ersten, jetzt noch völlig leeren Videoprojekt. In der Kopfzeile des Fensters können Sie übrigens immer den Namen des aktuell bearbeiteten Projektes sehen (Pfeil 1). Sehen wir uns einmal an, was uns dieses Fenster zu bieten hat, bevor wir das Ganze mit Leben füllen.

Pfeil 2: Der Vorschaumonitor hat Bedienelemente wie ein Videorecorder
Pfeil 3: Das sind Ihre Medien
Pfeil 4: Das sind die Schalter für den Arbeitsablauf (Workflow)
Pfeil 5: Die Menüleiste ist aufgebaut wie in jedem guten Windowsprogramm
Pfeil 6: Das sind die einzelnen Objektspuren.

Die Benutzeroberfläche

Obwohl Magix Video deluxe mit einer ungeheuren Anzahl von Funktionen daher kommt, zeigt sich die Benutzeroberfläche doch ziemlich aufgeräumt. Sie werden feststellen, dass Sie die Funktionen, die Sie am häufigsten benötigen, auch sehr schnell finden. Ein paar Kleinigkeiten könnten aber noch verbessert werden. Es gibt da schon einige Funktionen, an denen ich mir einen Wolf gesucht habe. Zur Verteidigung des Programms muss ich aber sagen, dass in dem mitgelieferten Handbuch immer ganz genau drin stand, wo ich diese Funktionen finden kann.

Aufnehmen

Ob es nun importieren oder aufnehmen heißt, ist ja im Grunde egal. Mit der Funktion **Aufnehmen** teilen Sie Magix Video deluxe einfach mit, welche Medien Sie im Programm verarbeiten wollen. Dabei spielt es überhaupt keine Rolle, ob es sich um Filme, Bilder oder Audio-Dateien handelt.

Was kann ich alles aufnehmen?

Im vorhergehenden Abschnitt hatte ich ja bereits erwähnt, dass Sie in Magix Video deluxe sowohl Videos, wie auch Bilder und Musik aufnehmen (importieren) können. Das geht aber noch weiter. Sie können Videos in nahezu jedem Format importieren. Es ist völlig egal, ob das Video im MPG- oder MP4-Format oder etwa als WMV oder AVI-Datei vorliegt. Gleiches gilt auch bei Bildern. Sie können Bilder benutzen, die im JPG-, GIF-, BMP- oder PNG-Format vorliegen. Bei Musik und Geräuschen darf es das MP3-, WAV- oder auch OGG-Format sein. Habe ich welche vergessen? Ganz bestimmt ☺.

Von der Kamera auf die DVD mit Magix Video deluxe

Video-Quellen

Die Quellen für Videos sind vielfältig. Bei modernen Digital-Camcordern wird es wohl am Häufigsten so sein, dass Sie die Videos schon von der Kamera auf die Festplatte kopiert haben. Dafür gibt es meist schon ein Programm, das mit dem Camcorder zusammen ausgeliefert wurde. Mancher Camcorder wird auch von

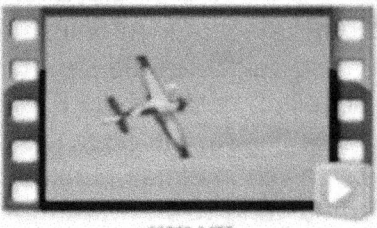

Windows automatisch erkannt und dessen Speicher als Laufwerk eingebunden. Dann kann man die Videos einfach über den Windows-Explorer auf die Festplatte kopieren. Wenn Ihr Camcorder auf einer Speicherchipkarte oder direkt auf DVDs schreibt, bietet sich das sowieso an. Man kann den Speicherchip einfach in einen Kartenleser (Cardreader) stecken und alle Videos von dort herunterkopieren. Bei einer DVD geht das natürlich auch. Möglicherweise legt der Camcorder verschiedene Unterverzeichnisse auf dem Datenträger an. Da dort scheinbar jeder Hersteller macht was er will, müssen Sie sich mal durchklicken um das Verzeichnis mit den Video-Dateien zu finden. Die Video-Dateien erkennt man leicht. Entweder erscheint ein Vorschaubild mit einem Filmstreifen am Rand und einem Bild aus dem entsprechenden Video. Oder man erkennt die Videos schlicht an ihrer Dateigröße. Digitale Videos sind meist einige Megabytes groß. Wenn Sie über einen Videodigitalisierer (Framegrabber) verfügen, können Sie auch von einem HI-8, VHS- oder S-VHS-Gerät Videos digitalisieren. Dabei ist es egal, ob die Quelle ein älterer Camcorder oder ein „normaler" Videorecorder aus dem Wohnzimmer ist. Entscheidend ist nur, dass Sie hinterher Ihren Film in digitaler Form auf Ihrer Festplatte haben. Viele PCs, die heute zwischen Butter, Eier, Käse angeboten werden, haben bereits eine TV-Karte eingebaut. Meist kann diese TV-Karte Fernsehsendungen, die über DVBT ausgestrahlt werden empfangen und interessanter Weise auch auf der Festplatte speichern. Da kann man dann mit Magix Video deluxe wirklich schnell die Werbung rausschneiden und dann den gewünschten Film, völlig werbefrei, auf DVD brennen und sich dann ansehen. Ich weiß ... die Fernsehanstalten würden mich jetzt gerne steinigen ☺. Auch aus dem Internet gespeicherte Videos können natürlich in Magix Video deluxe weiterverarbeitet werden. Genauso wie jeder andere digitalisierte Film auch. Magix Video deluxe kann aber noch mehr. Es kann direkt von Ihrem laufenden Bildschirm abfilmen, was da so passiert. Und das geht nur per Software, ganz ohne Kamera.

Film- und Ton-Formate mischen?

Sie können nicht nur beliebige Dateiformate aufnehmen, Sie können diese auch nach Belieben in einem Filmprojekt mischen. Das gilt nicht nur für Filmszenen, sondern auch Geräusche, Musik, Sprache und auch Bilder in allen Auflösungen sind gleichzeitig möglich. Mit Gleichzeitig meine ich nicht nur in einem Film hintereinander, sondern wirklich gleichzeitig. Bei einigen Funktionen ist das besonders wichtig. Wenn Sie irgendein Video mit einem Greenbox-Video (Bluebox) mischen wollen, den Originalton mit Musik von einer CD unterlegen wollen oder etwa Fotos überblenden wollen. Bei Gleichzeitigkeit legen Sie ein neues Objekt, egal ob Video, Musik oder Foto einfach in einer neuen Spur an die gewünschte Stelle. Spuren sind ausreichend vorhanden. Dazu später mehr. Bei Videos spielt es auch keine Rolle, ob sie z.B. im Seitenverhältnis 4:3 oder 16:9 aufgenommen sind.

Ausgabe-Formate

```
PAL 4:3 (720x576; 25fps)
PAL 16:9 (720x576; 25fps)
NTSC 4:3 (720x480; 29.97fps)
NTSC 16:9 (720x480; 29.97fps)
HDV1 720p PAL 16:9 (1280x720; 25fps)
HDV2 1080i PAL 16:9 (1440x1080; 25fps)
HDTV 1080i PAL 16:9 (1920x1080; 25fps)
HDV1 720p NTSC 16:9 (1280x720; 29,97fps)
HDV2 1080i NTSC 16:9 (1440x1080; 29,97fps)
HDTV 1080i NTSC 16:9 (1920x1080; 29,97fps)
```

Wie Sie sehen, gibt es eine Menge Ausgabeformate für Ihr fertiges Video. Wenn Sie beim Anlegen eines neuen Projektes eine Auflösung eingestellt haben und zu einem späteren Zeitpunkt noch ändern wollen oder müssen, so geht das jederzeit. Über den Befehl **Datei/Einstellungen/Film**. Einen Film, selbst wenn die Kamera ein FullHD-Modell mit 1080 Zeilen ist, in einem HD1080-Format auszugeben macht natürlich nur Sinn, wenn man auch die Abspielmöglichkeiten hat. Wenn Sie lediglich einen DVD-Spieler und einen „normalen" 16:9 Flachfernseher haben, wäre das PAL16:9-Format die bessere Wahl.

Spielt die Reihenfolge eine Rolle?

Grundsätzlich spielt die Reihenfolge, in der Sie Medien importieren keine Rolle. Die Reihenfolge lässt sich jederzeit verändern. Als Faustregel können Sie aber sagen, dass Sie umso weniger Arbeit haben, je mehr Gedanken Sie sich vorher um die Reihenfolge gemacht haben. Wie man jederzeit und nach Belieben die Reihenfolge ändert, werden Sie in diesem Buch noch lernen. Erinnern Sie sich noch an das Kapitel, ziemlich am Anfang des Buches? *Machen Sie einen Plan!*

Aufnehmen oder importieren?

Tatsächlich kann man beide Begriffe in Zusammenhang mit Magix Video deluxe ganz leicht unterscheiden. Von Aufnahme spricht man dann, wenn das Material, egal ob Film oder Ton, noch nicht in digitaler Form auf der Festplatte vorliegt. Der PC ist als sozusagen das Aufnahmegerät. Importieren bedeutet folglich, dass das Material, egal ob Film oder Ton, schon als Datei auf der Festplatte vorliegt. Es ist also quasi schon aufgenommen und wird nur noch in das Programm importiert.

Filmmaterial

Tun Sie sich selber einen Gefallen und sichten Sie vorher Ihr Filmmaterial. Kopieren Sie sich die Filmdateien, die Sie voraussichtlich später auf der DVD haben wollen, in einem Ordner zusammen. Das macht das Arbeiten mit Magix Video deluxe schneller und effektiver.

Musik, Kommentare und Geräusche

Meine Musikdateien habe ich sowie schon alle an einem zentralen Ort gesammelt. Nämlich im Ordner Musik. Darin gibt es auch einen Ordner Geräusche. Wir reden hier nicht über die Musik und Geräusche, die bereits bei Magix deluxe Video mitgeliefert werden, sondern über eigene Sammlungen. Musik und Geräusche sind fein säuberlich geordnet, damit ich alles schnell finde. Beides kopiere ich persönlich nicht erst in den Ordner, in dem ich meine Filmszenen bereits gesammelt habe. Das mache ich deshalb nicht, weil ich doch noch oft etwas ändere. Vor allem bei der Musik probiere ich noch viel herum, ob ich nicht noch etwas finde, was noch besser klingt und passt ☺. Kommentare spricht man eher erst auf, wenn man den Film fertig geschnitten hat. Das empfiehlt sich, weil ja durch den Schnitt und evtl. Effekte die Laufzeit einer Szene verändert wird.

Fotos

Fotos, die ich in meine Filme einbauen möchte, kopiere ich in den gleichen Ordner wie die Filmschnipsel. Dann spare ich mir die Sucherei, wenn ich doch eigentlich schneiden möchte.

In den Projektordner kopieren?

Wenn Sie eine Film- Musik- oder Fotodatei importieren, fragt Magix Video deluxe Sie, ob Sie die Datei(en) in den Projektordner kopieren möchten. Bei meinem ersten Magix-Projekt habe ich noch gedacht: "Wozu? Dann habe ich die ja

doppelt auf der Festplatte." Erst als ich mit der DVD fertig war, wurde mir auch klar, warum es besser gewesen wäre alles in den Projektordner zu kopieren.
1. Sie können jederzeit die Ordnung Ihrer Mediendaten ändern, ohne das Magix Video deluxe den Bezug zu den Dateien verliert.
2. Sie können nach Fertigstellung Ihres DVD-Projektes den kompletten Projektordner auf eine DVD-Brennen oder eine externe Festplatte kopieren und haben damit zum einen eine Datensicherung des Projektes, die Sie jederzeit auf jedem beliebigen Rechner wieder einspielen können. Zum anderen können Sie die, ja doch sehr großen, Dateien nach der Sicherung von Ihrer Festplatte löschen, wenn der Platz knapp werden sollte.

Im Laufe der Zeit habe ich doch einige Videoprojekte gemacht, die nicht für mich waren und die ich mir wahrscheinlich auch nie mehr ansehen werde. Warum sollten die also auf meiner Festplatte bleiben? Damit ich aber bei Anfragen wieder Zugriff darauf habe, kann ich die Projekt-DVD wieder einspielen.

Ein Film oder mehrere?

Mehrere Filme auf der DVD zu haben, heißt, dass Sie wirklich mehrere unabhängige Filme auf der DVD haben und diese auch einzeln starten können. Das hat nichts mit einzelnen Szenen zu tun, die man dann einzeln starten kann. Dazu kommen wir später (Kapitelmarker). Heute hat fast jede Film-DVD, die Sie im Laden kaufen können, mehrere Filme, die gesondert gestartet werden können. Da gibt es z.B. einen Hauptfilm, Bonusmaterial, Outtakes oder Kommentare. So machen wir das in unserem Projekt jetzt auch.

Wir nehmen unseren ersten Film auf oder importieren ihn

Unser erstes eigenes Projekt haben wir ja vorhin schon unter dem Namen **Buch-Beispiel-Projekt** angelegt. Der nächste Schritt ist abhängig davon, ob Sie Ihr Filmmaterial schon auf dem PC gespeichert haben oder nicht.

Wenn Sie Ihr Filmmaterial noch nicht auf Ihrem PC gespeichert haben, wäre jetzt der richtige Zeitpunkt, die Kamera, gemäß der dazugehörigen Anleitung, mit dem PC oder mit dem Video-Digitalisierer zu verbinden. Moderne Videokameras tragen den Zusatz DV = **D**igital **V**ideo nicht umsonst. Sie verfügen über eine USB- oder Firewire-Schnittstelle und können direkt an die passende Schnittstelle des PCs angeschlossen werden. Ab da kann Magix Video deluxe die Steuerung übernehmen. Das klappt mit den meisten DV-Kameras. Meine Kamera gehört unglücklicherweise zu den Modellen, die nicht von Magix Video deluxe angesteuert werden können. Klicken Sie auf die Schaltfläche **Aufnahme** (Pfeil 1).

Von der Kamera auf die DVD mit Magix Video deluxe

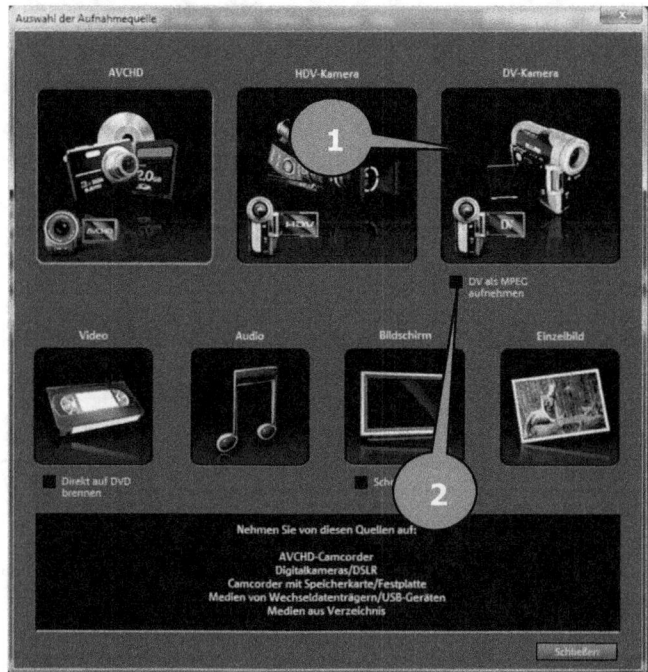

Dieses Fenster öffnet sich und Sie können die entsprechende Video-Quelle anklicken. Gehen wir in diesem Beispiel mal davon aus, dass Sie eine DV-Kamera besitzen (Pfeil 1). Um kleinstmögliche Dateien bei größtmöglicher Qualität zu erreichen, sollten Sie das Häkchen bei **DV als MPEG aufnehmen** durch einfachen Mausklick setzen (Pfeil 2). Da der MPEG-Codec aus lizenz- und/oder kostentechnischen Gründen dem Programm nicht beiliegt, werden Sie beim ersten Aktivieren darauf aufmerksam gemacht, dass der Codec über das Internet nachgeladen werden muss. Keine Sorge. Das ist kinderleicht. Stellen Sie sicher, dass Ihr PC mit dem Internet verbunden ist und folgen Sie den Hinweisen. In wenigen Sekunden ist das erledigt. Ab da können Sie aufnehmen, hin- und her spulen. Ganz so wie auf einem gewöhnlichen Videorecorder.

Einfacher, weil ohne Kabelsalat, ist es, wenn Sie die Filme bereits auf der Festplatte gespeichert haben. Klicken Sie dann statt auf den Aufnahme-Knopf auf die Registerkarte **Import** (Pfeil 3).

Von der Kamera auf die DVD mit Magix Video deluxe

Hier können Sie sich fast wie im Windows-Explorer bewegen. Etwas abgespeckter ist es schon, erfüllt aber seinen Zweck. Sie sehen links einen Verzeichnisbaum (Pfeil 1). Dort finden Sie unter **Eigene Medien** eine Reihe von Ordnern wie z.B. **Eigene Videos**. Klicken Sie einen der Ordner an, sehen Sie im rechten Bereich dessen Inhalt. Sie können dort durch Doppelklick in Unterordner wechseln oder Video-, Foto- oder Musikdateien, ebenfalls durch Doppelklick, direkt importieren. Möchten Sie eine Verzeichnisebene höher, klicken Sie auf den **Aufwärts**-Pfeil (Pfeil 3).

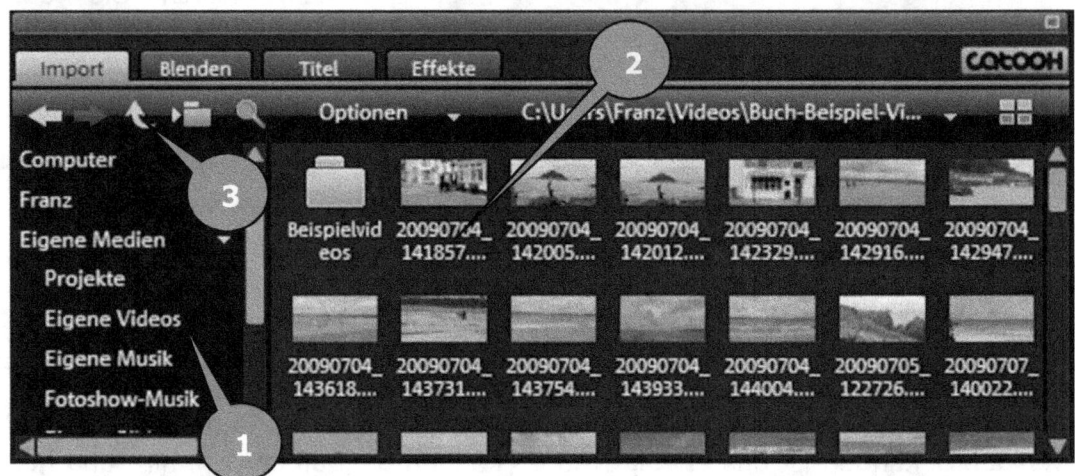

Wenn Sie in Ihrem Ordner Buch-Beispiel-Videos angekommen sind, doppelklicken Sie die Datei **biene_1.mp4**. Uups. Es erscheint in diesem Fall eine Meldung mit einer Frage.

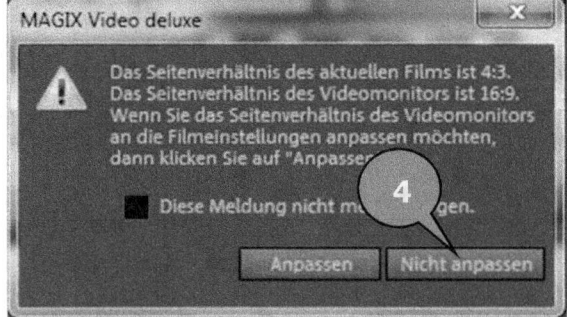

Beim Anlegen des Projektes haben wir nicht angegeben, welche Auflösung unsere fertige DVD bekommen soll. Eingestellt war das Seitenverhältnis 4:3. Das entspricht der „alten" Darstellungsform auf Fernsehern. Mittlerweile hat aber das Seitenverhältnis 16:9 den Weg auf die Fernseher in unseren Wohnzimmern gefunden. Dem wollen wir hier auch Rechnung tragen. Wir wol-

Von der Kamera auf die DVD mit Magix Video deluxe

len das Video nicht von 16:9 auf 4:3 anpassen und deshalb klicken wir auf die Schaltfläche **Nicht anpassen** (Pfeil 3, vorherige Seite). Die Beispieldatei ist nämlich schon im Seitenverhältnis 16:9.

Und schon wird Ihr erster Filmschnipsel in Magix Video deluxe importiert.

Von der Kamera auf die DVD mit Magix Video deluxe

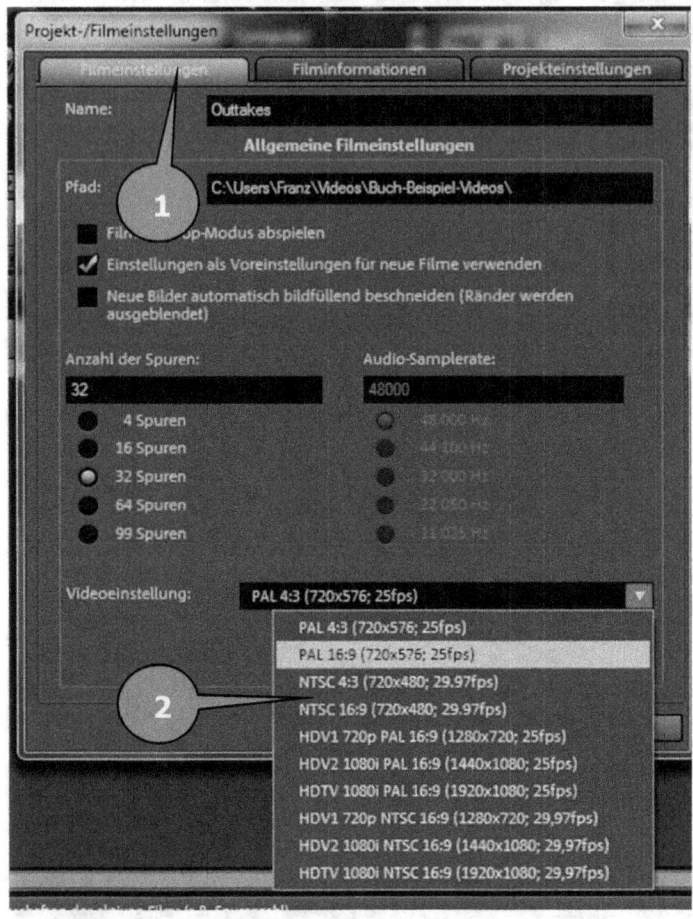

Stellen wir die Projekteigenschaften zunächst einmal auf das richtige Format. Dazu klicken Sie auf den Menübefehl **Datei/Einstellungen/Film**.

Wählen Sie dort, im sich öffnenden Fenster, auf der Registerkarte **Filmeinstellungen** (Pfeil 1) bei Videoeinstellungen **PAL 16:9 (720x576; 25fps)** (Pfeil 2).

Bestätigen Sie die Änderung des Filmformates durch Klick auf **OK** (Pfeil 3).

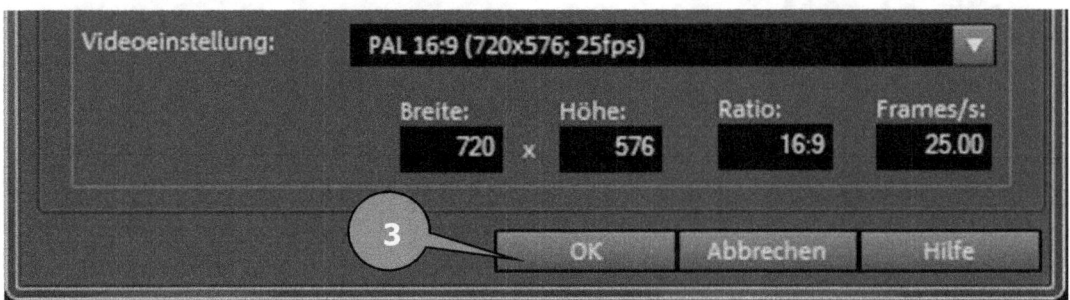

Von der Kamera auf die DVD mit Magix Video deluxe

Wir speichern unser Projekt

Ich bin ja nicht abergläubig ... aber man weiß ja nie ☺. Wenn man eine Weile mit Computern arbeitet, wird man auch schon mal erleben, dass diese Maschinen in irgendeiner Art und Weise abstürzen. Außerdem werden Sie auch mal Schluss machen wollen mit der Videoschneiderei und an einem anderen Tag die Arbeit fortsetzen. Deshalb kann man natürlich auch die Arbeit so speichern, wie sie gerade ist, um sie zu einem späteren Zeitpunkt fortsetzen zu können. Dazu klicken Sie auf den Menübefehl **Datei/Projekt speichern unter...**

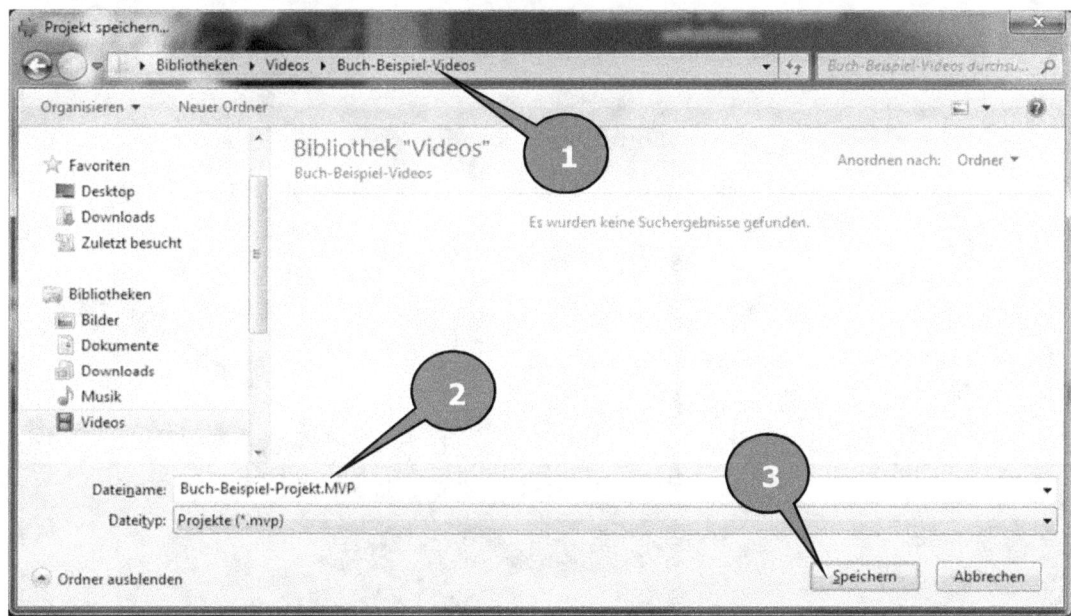

Dort können Sie wie in jedem anderen Programm auch, einen beliebigen Speicherort auswählen. In diesem Fall habe ich, unter Windows 7, den Ordner **Bibliotheken/Videos/Buch-Beispiel-Videos** ausgewählt (Pfeil 1). Unter Windows XP entspräche das vielleicht dem Ordner **Eigene Dateien/Eigene Videos/Buch-Beispiel-Videos**. Als Dateinamen habe ich **Buch-Beispiel-Projekt** (Pfeil 2) angegeben. Die Endung **.MVP** wird vom Programm automatisch angehängt und muss nicht selber geschrieben werden. Haben Sie den gewünschten Zielordner angewählt und einen Projektnamen vergeben, klicken Sie auf die Schaltfläche **Speichern** (Pfeil 3).

Von der Kamera auf die DVD mit Magix Video deluxe

Wir rufen ein bestehendes Projekt auf

So. Wir sind ausgeschlafen und gehen frisch, frei und fröhlich wieder ans Werk. Grundsätzlich haben Sie zwei Möglichkeiten eine bestehende Magix Video deluxe Projekt-Datei zu öffnen. Sie könnten über den Windows-Explorer in den Ordner gehen, in dem Sie die Projekt-Datei gespeichert haben und diese mit der linken Maustaste doppelklicken (Pfeil 1). Ich habe den folgenden Bildausschnitt etwas größer gemacht, damit man das Piktogramm gut erkennt.

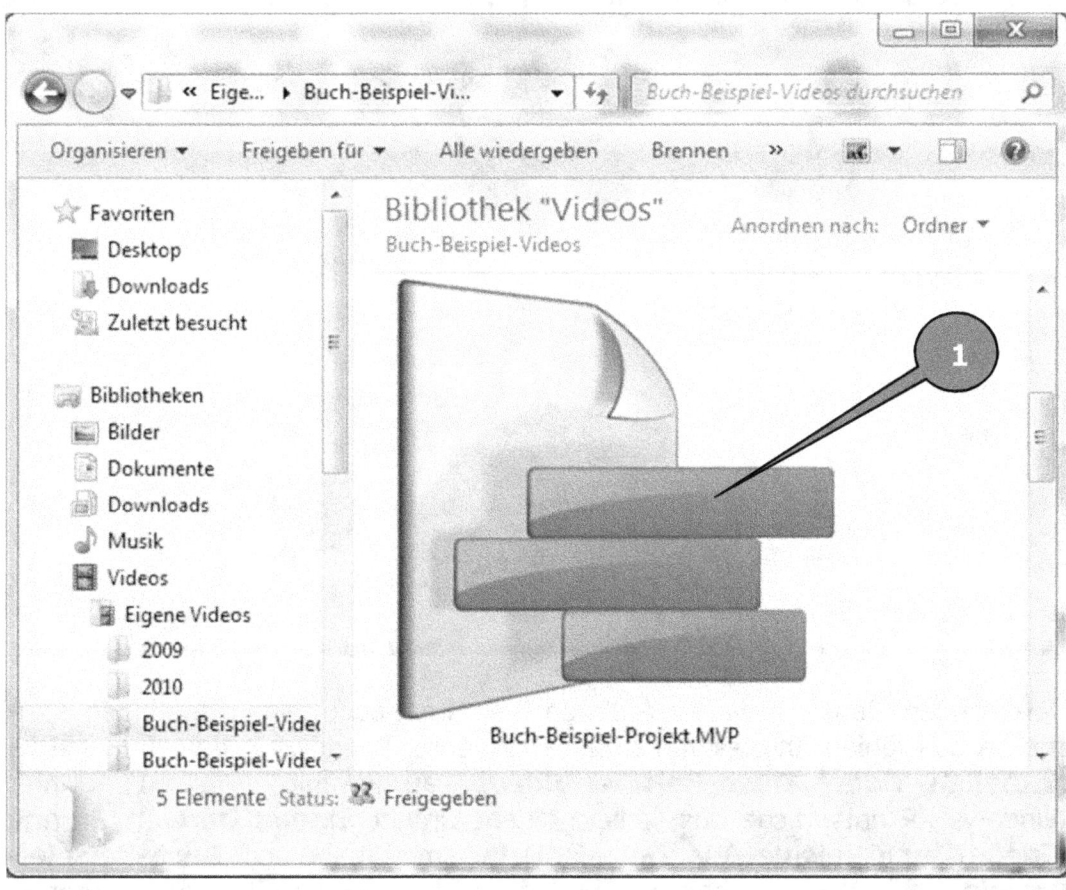

Von der Kamera auf die DVD mit Magix Video deluxe

Der klassische Weg ein bestehendes Projekt aufzurufen ist der, das Programm zu starten. Wenn Sie das tun, erscheint dieses kleine Fenster.

Aktivieren Sie durch einfachen Mausklick **Vorhandenes Projekt laden:** (Pfeil 1). Dort steht das Projekt schon vorausgewählt, welches Sie als letztes bearbeitet haben (Pfeil 2). Klicken Sie auf die Schaltfläche **OK** um das Projekt zu laden (Pfeil 3).

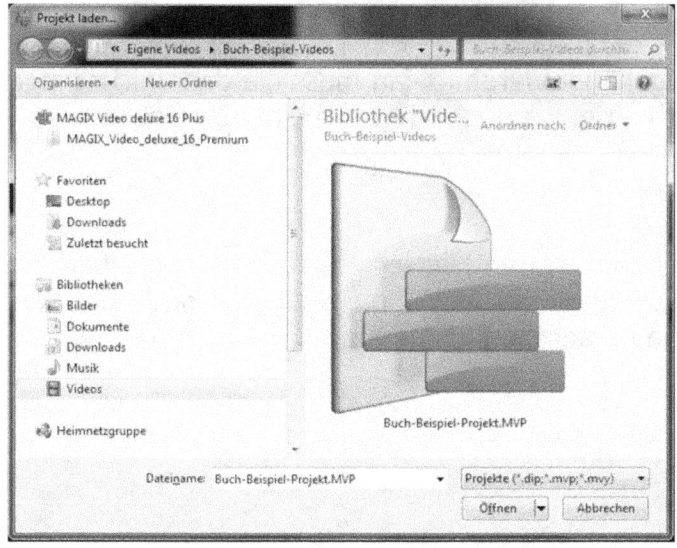

Ist das nicht das Projekt, das Sie jetzt bearbeiten möchten, klicken Sie einmal auf das Ordnersymbol (Pfeil 4). Sie können dann das gewünschte Projekt aus dem entsprechenden Ordner laden.

Wir importieren einen weiteren Film oder nehmen ihn auf

Bisher haben wir ja erst einen Filmschnipsel namens biene_1.mp4 in unser Projekt aufgenommen. Jetzt nehmen wir uns den zweiten Film vor. Der befindet sich im gleichen Ordner und heißt **biene_2.mp4**. Um diesen zu importieren, machen Sie einen Doppelklick auf die entsprechende Datei.

Auf den ersten Blick scheint sich nichts geändert zu haben. Man muss schon genauer hinsehen.

In der rechten oberen Ecke des Vorschaumonitors ist die Länge der insgesamt importierten Videofilme zu erkennen (Pfeil 1). Nach dem Import des ersten Films stand der Zähler auf 14 Sekunden und jetzt nach dem Import des zweiten Films auf 49 Sekunden. Magix Video deluxe ist so vorkonfiguriert, dass neu importierte Filme an die bereits vorhandenen angehängt werden. Man muss die dann nicht lange suchen und vorhandene Filmschnipsel werden nicht durcheinander gebracht ☺.

Bearbeiten

Belassen wir es zunächst bei diesen beiden Filmschnipseln. Später werden wir noch mehr importieren. Mit nur zwei kurzen Filmen kann ich Ihnen die verschiedenen Bearbeitungsschritte besser demonstrieren.

Das Storyboard

Ein Klick auf das Symbol ▢ (Pfeil 1) bringt uns sofort ins Storyboard. Im Storyboard sehen wir unsere bereits importierten bzw. aufgenommenen Filme in der Reihenfolge, wie wir sie importiert bzw. aufgenommen haben.

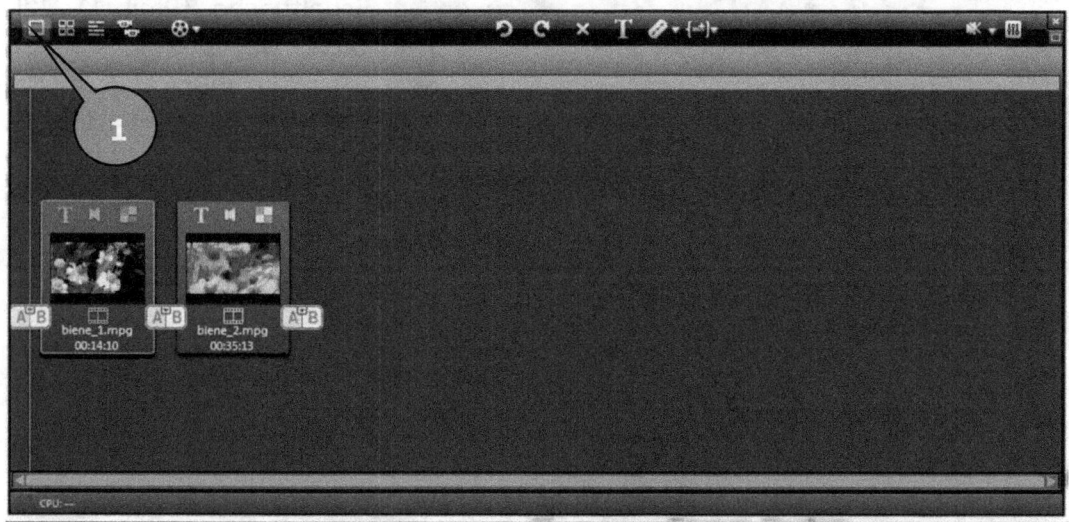

Um von einem der anderen Bearbeitungsmodi in das Storyboard zurück zu kommen, klicken Sie auf dieses Symbol ▢ (Pfeil 1).

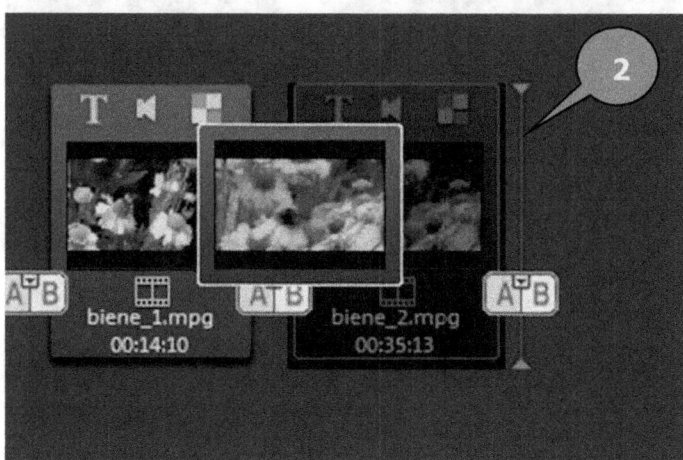

Im Storyboard können Sie einzelne Filmschnipsel verschieben. Dazu ziehen Sie diese einfach mit gedrückter linker Maustaste an die gewünschte Position. Ein senkrechter roter Balken (Pfeil 2) zeigt Ihnen dabei die momentane Ablageposition an, wenn Sie in diesem Augenblick die linke Maustaste loslassen würden.

Der Storyboard-Modus ist auch geeignet um Übergänge sehr schnell zu realisieren. An jedem Szenen-Übergang ist eine **AB**-Schaltfläche (Pfeil 1). Klicken Sie darauf, können Sie aus einer Liste von Blenden eine Auswählen. Sie wird sofort übernommen und Sie können das Ergebnis direkt in der Vorschau begutachten.

Szenenübersicht

Ein Klick auf dieses Symbol (Pfeil 2) und wir befinden uns in der Szenenübersicht.

Die sieht dann so aus wie im folgenden Fenster.

Von der Kamera auf die DVD mit Magix Video deluxe

Sie bekommen alle Szenen Ihres Films hintereinander angezeigt. Auch hier können Sie Szenen durch ziehen mit gedrückter linker Maustaste verschieben.

Film oder Szene? Was für ein Durcheinander

Ihnen ist sicher aufgefallen, dass ich die beiden Filme biene_1.mpg und biene_2.mpg mal als Film und mal als Filmschnipsel bezeichnet habe. Im Grunde sind das ja zwei eigenständige Filmdateien und damit kann man sie auch als Film bezeichnen. Unser DVD-Projekt wird aber auch dauernd als Film bezeichnet. Das kann einen schon durcheinander bringen. Oder? Im Grunde ist es ganz einfach. Solange die Dateien für sich sind, betrachtet man sie als eigenständigen Film. Wenn ich einen oder mehrere Filme in ein Videoprojekt importiere, sind es aber nur noch Szenen in einem Film oder in meiner Sprache *Schnipsel* ☺.

Timeline

Die Timeline oder Zeitleiste ist sicherlich der wichtigste Bearbeitungsmodus. Sie kommen in die Timeline, in dem Sie auf dieses Symbol 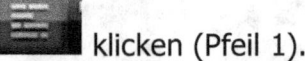 klicken (Pfeil 1).

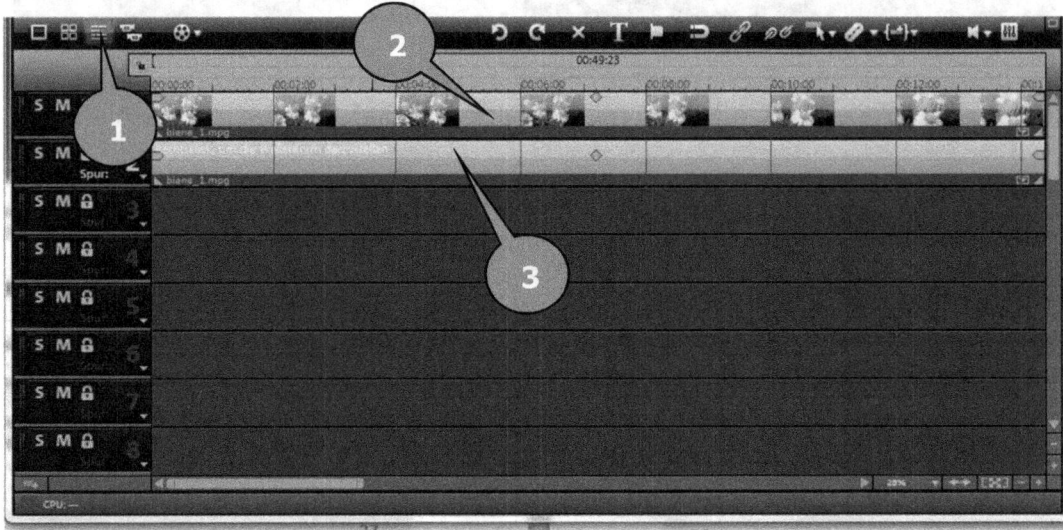

Sehen wir uns mal an, was die Timeline so zu bieten hat.

So viele Spuren - Wozu?

Nachdem wir mit unseren beiden Filmschnipseln in der Timeline gelandet sind, sehen wir, dass die ersten beiden Spuren bereits belegt sind. Insgesamt stehen 99 Spuren zur Verfügung. In der ersten Spur ist das Videomaterial (Pfeil 2) zu sehen und die zweite Spur ist die Original-Tonspur der Videos (Pfeil 3). Ob man wirklich mal an die Grenzen stößt, sprich an die 99 Spuren erreicht, kann ich mir auch kaum vorstellen. Aber auf 10 oder 20 Spuren kommt man schnell. Man kann zwar auch durch verschieben versuchen alles in so wenig Spuren wie möglich zu bekommen, das erhöht aber keinesfalls die Übersicht im Projekt. Wenn Bild- und Tonspur schon da sind, wofür ist dann der Rest? Jede weitere Spur kann wahlweise Bild-, Ton-, Titel-, Blenden- oder Effektspur sein. Titel, blenden und Effekte belegen teilweise mehrere Spuren. Wenn man eine Szene schneidet, wird der Originalton oft unbrauchbar, weil er irgendwo abgehackt wird. Um dann ein realistisches Tonszenarium hinzubekommen muss man manchmal mehrere Tonspuren überlagern. Ich habe mal ein Gewitter gefilmt und in der Szene Teile verlängert und Teile herausgeschnitten. Damit der Ton

Von der Kamera auf die DVD mit Magix Video deluxe

wieder „gut" klingt, habe ich fünf Tonspuren überlagert. Zwei verschiedene Regengeräusche, Wind, Blitzknistern und Donner. Dazu noch Titel und Abspann und schon war ich mit den beiden Originalspuren, für Bild und Ton, bei insgesamt 10 Spuren. Wie Sie im folgenden Beispiel sehen, sind die Nummern der Spuren 1 und 2 fett, die Zahlen an den weiteren Spuren aber ganz blass. Daran können Sie auch bei längeren Filmen immer erkennen, in welchen Spuren Sie schon etwas haben und welche noch leer sind.

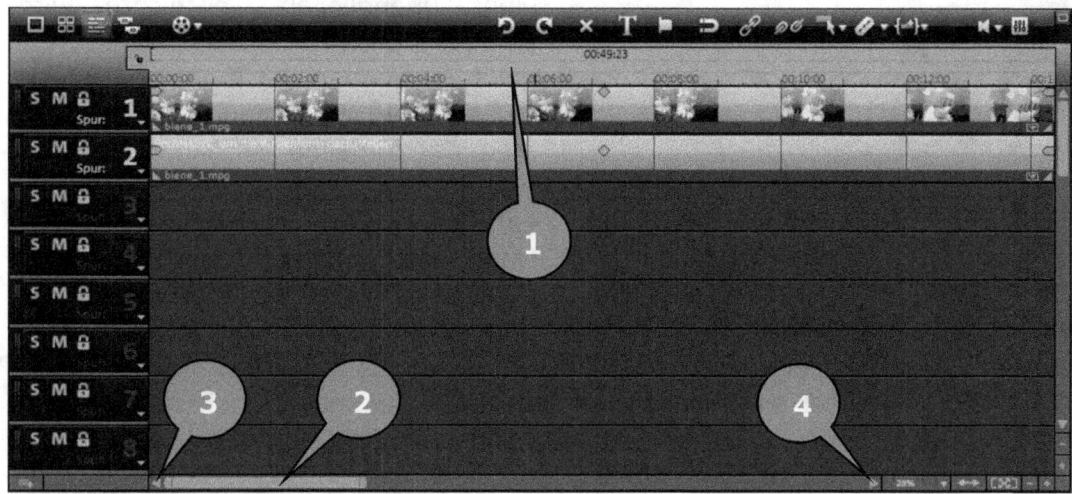

Auf der Zeitachse bewegen (Film scrollen)

Wenn man sich horizontal durch die Spuren bewegt, bewegt man sich durch die Zeitachse des Films. Welchen Bereich des Films Sie gerade in der Spur sehen, erkennen Sie an der Zeitachse direkt über Spur 1 (Pfeil 1). Wie so oft gibt es mehrere Möglichkeiten sich durch die Timeline zu bewegen. Sie können die Pfeiltasten nach links und nach rechts auf Ihrer Tastatur benutzen. Diese Tasten, insgesamt sind es vier Stück in einer Gruppe angeordnet, werden auch gerne als Cursor-Tasten bezeichnet. Die Methode, die uns Windows-Anwendern aber sicherlich mehr schmeckt ist die, mit gedrückter linker Maustaste den Scrollbalken nach rechts oder links zu bewegen. Dieser befindet sich am unteren Fensterende (Pfeil 2). Am linken und rechten Ende dieses Scrollbalkens befinden sich kleine Pfeile (Pfeil 3 & 4). Mit diesen können Sie sich, durch einfachen Mausklick, schrittweise in der Timeline bewegen.

Zeitachse zoomen

Ein paar Seiten vorher hatte ich mal beiläufig erwähnt, dass unsere beiden Filmschnipsel zusammen ca. 49 Sekunden lang sind und dass Sie das ablesen können. Wenn wir uns die Zeitskala in unserer Timeline ansehen, dann ist der rechte Rand bei ca. 14 Sekunden. Um durch den ganzen Film zu kommen, müs-

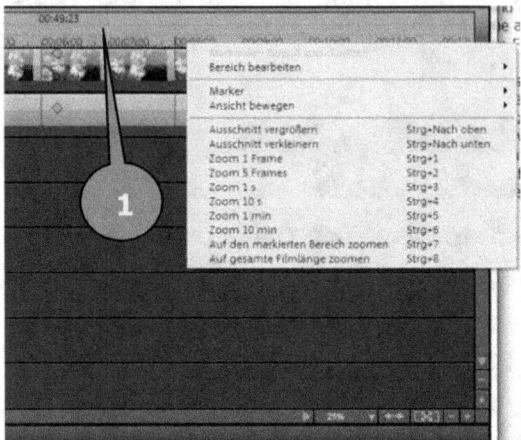

sen wir uns also öfter des Scrollbalkens bedienen. Und je länger der Film wird, desto ... ☺. Damit das aber nicht zu einer unendlichen Geschichte wird, können Sie die Zeitachse zoomen. Das heißt Sie können die Timeline (Zeitachse) strecken oder stauchen. Das Zoomen der Timeline ist ganz besonders wichtig, wenn Sie an einer Filmszene einzelbildgenau schneiden wollen. Dann wäre es günstig, wenn man dort auch jedes Einzelbild sehen könnte. Um den Zoomfaktor zu verändern gehen

Sie mit dem Mauszeiger genau auf die Zeitskala. Genau dort, wo der Pfeil 1 hinzeigt. Nicht höher und nicht tiefer! Drücken Sie einmal kurz die rechte Maustaste. Wie Sie sehen, gibt es eine ganze Menge Einstellmöglichkeiten für die Timeline. Sicher ist Ihnen aufgefallen, dass die einzelnen Spuren in der Timeline in Kästchen unterteilt sind. Bei den meistern Einstellungen entspricht ein Kästchen in der Spur genau dem Zoom, den Sie ausgewählt haben. Wenn Sie also als **Zoom 10s** auswählen, sind immer genau 10 Sekunden Film in einem Kästchen. Wählen Sie hingegen **Zoom 1 Frame**, ist immer genau ein Einzelbild aus Ihrem Film in einem Kästchen. Sie stellen damit also den Einzelbildmodus ein. Wenn man den Zoom verkleinert, kann man auch die einzelnen Szenen besser und schneller finden. Unser Beispielfilm besteht im Moment ja aus zwei kurzen Filmschnipseln.

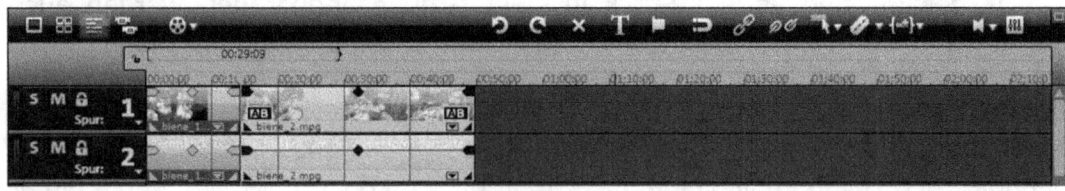

Im obigen Beispiel habe ich den Zoom auf 10s, also 10 Sekunden gestellt und die zweite Szene durch einfachen Mausklick markiert. Das erkennen Sie an der

orangen Färbung der Szene. Will ich die andere Szene bearbeiten, muss ich diese zunächst per Mausklick markieren.

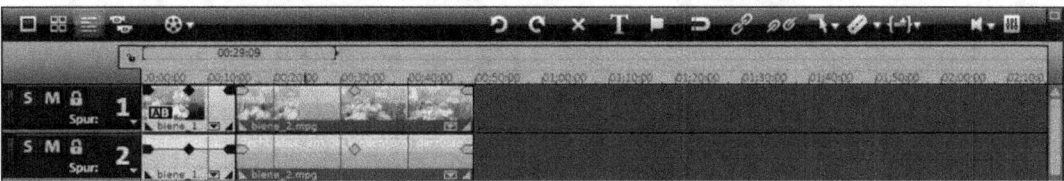

Der (Die) Vorschau-Marker

Wenn Sie statt mit der rechten, mit der linken Maustaste in die Zeitskala klicken, wird genau dort wo Sie klicken ein orangefarbener senkrechter Balken erscheinen (Pfeil 1). Das ist der Startmarker für die Vorschau. Den Startmarker werden Sie sehr oft irgendwo hin setzen um den Film nur von dort in der Vorschau zu betrachten. Wenn Sie in Ihrem Film, sagen wir ziemlich am Ende, einen Effekt einbauen und sich das in der Vorschau ansehen wollen, wollen Sie bestimmt nicht erst den ganzen Film sehen, bis Sie an diese Stelle kommen. Dann setzen Sie den Startmarker einfach kurz vor die entsprechende Stelle und sehen sich den Film genau ab dort an. Wenn Sie immer wieder nur eine kurze Sequenz sehen wollen, können Sie auch einen Stoppmarker setzen.

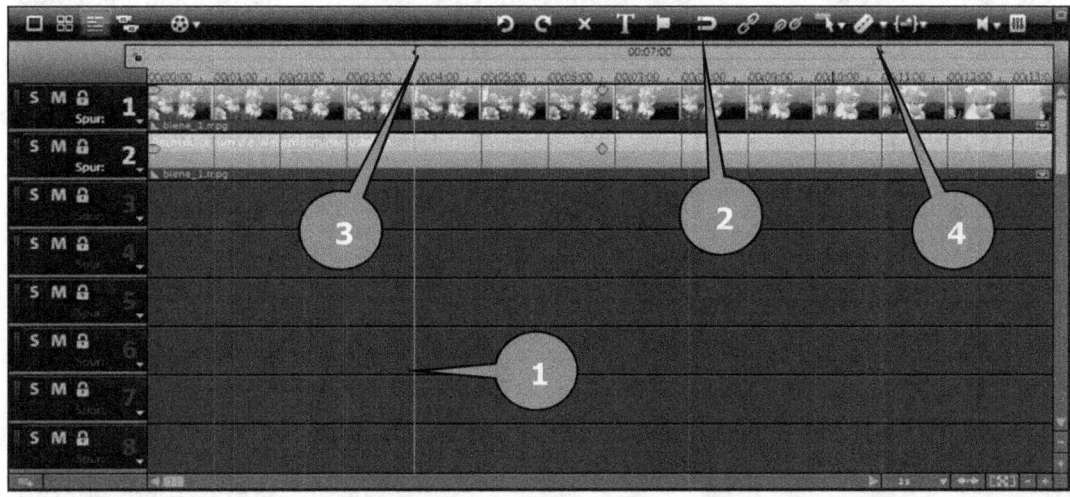

Dazu klicken Sie oberhalb der Zeitskala einmal kurz mit der rechten Maustaste (Pfeil 2) und schon haben Sie den Stoppmarker gesetzt. Im obigen Beispiel sind der Startmarker auf 4 Sekunden (Pfeil 3) und der Stoppmarker auf 11 Sekunden (Pfeil 4). In der Vorschau würden also immer nur diese 7 Sekunden abgespielt. Den markierten Bereich sehen Sie oberhalb der Zeitskala als hellblauen Balken. Eine enorme Hilfe, wenn man eine bestimmte Szene auf sich wirken lassen will. Wenn die Marker nicht sofort an der richtigen Stelle sind, ist das kein Beinbruch. Sie können die Enden des Balkens mit gedrückter linker Maustaste verschieben und so genau in die gewünschte Position bringen (Pfeile 3 und 4, vorherige Seite).

Der Vorschaumonitor

Es liegt in der Natur der Sache, dass der Vorschaumonitor sehr, sehr häufig gebraucht wird. Er spielt Ihnen den gewünschten Bereich Ihres Films so oft ab wie Sie wollen. Dabei sehen Sie dann auch die Wirkung Ihrer Video-Effekte und Sie können das Zusammenspiel zwischen Bild und Ton bewerten. Der Vorschaumonitor hat Bedienelemente, die einem Videorecorder oder DVD-Player nicht unähnlich sind. Der wichtigste Schalter ist wohl der Wiedergabeknopf (Pfeil 1). Er startet die Vorschau ab der Position des Startmarkers. Wem der Vorschaumonitor zu klein ist, der kann ihn durch Doppelklick in das Vorschaubild auf den Vollbildmodus umschalten. Um aus dem

Vollbildmodus wieder raus zu kommen, genügt ein erneuter Doppelklick auf das Vorschaubild. Das Umschalten der Größe funktioniert übrigens nicht, während die Vorschau läuft. Sie müssen also dazu evtl. erst die Stopp-Taste betätigen (Pfeil 2).

Der Vorschaumonitor hat einige wirklich nützliche Funktionen. Den orangefarbenen Pfeil (Pfeil 1) können Sie mit gedrückter linker Maustaste nach links und rechts schieben, um sich in der Vorschau schnell vor oder zurück zu bewegen. Rechts oben wird Ihnen die Gesamtlaufzeit des Films angezeigt (Pfeil 2) und links oben die momentane Abspielposition (Pfeil 3). Wenn Ihnen irgendetwas auffällt, was Sie noch ändern möchten, wissen Sie so immer sofort, an welche Stelle Sie in der Timeline müssen. Das Stellrad (Pfeil 4) kann ebenfalls mit gedrückter linker Maustaste bewegt werden. Es dient dazu die Vorschau einzelbildweise vorwärts bzw. Rückwärts zu spulen. Der rechte Schieber (Pfeil 5) ist für einen schnellen Vor- oder Rücklauf. Je nachdem in welche Richtung Sie den Schieber bewegen. Die Geschwindigkeit ist abhängig davon, wie weit Sie den Schieber in die eine oder andere Richtung bewegen. Der Ton wird dabei abgeschaltet.

Wir wollen mehrere Filme bearbeiten

Ziemlich zu Anfang dieses Buches hatte ich es Ihnen ja angedroht: Wir machen mehrere Filme auf unsere DVD. Nahezu jede Kauf-DVD die ich besitze, hat heute Zusatzmaterial in irgendeiner Form. Manche heißen dann z.B. Trailer, Bonusmaterial, Outtakes, Kommentare oder sonst wie. Das können Sie auch. Das ist denkbar einfach. Dafür gibt es in Magix Video deluxe diese Schaltfläche . Sie finden Sie dort, wo Sie zwischen Timeline, Szenen- und Filmübersicht umschalten können (Pfeil 6).

Klicken Sie auf das Symbol, öffnet sich dieses kleine Menü. Dort klicken Sie auf **Neuer Film**. Die dann erscheinende Meldung erklärt es schon.

Von der Kamera auf die DVD mit Magix Video deluxe

Wir wollen den Film nicht schließen, sondern erst einmal nur weitere Filme anlegen. Klicken Sie daher auf die Schaltfläche **Nicht schließen**.

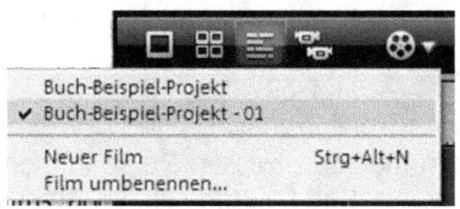

Klicken Sie jetzt erneut auf diese Schaltfläche . Sie sehen, es gibt jetzt einen weiteren, noch leeren Film, der fast genauso heißt wie der erste Film. Hinter den eigentlichen Namen wurde lediglich eine Nummer angehängt, nämlich **-01**. Da unsere DVD vier Rubriken, als Filme haben soll, müssen Sie jetzt noch zwei weitere Filme anlegen. Im Resultat sollte das zunächst dann einmal so aussehen.

Filme umbenennen

Aber wer kann sich schon merken, welcher dieser Filme wofür gut ist? Deshalb werden Sie die Filme jetzt gemäß unseren Projektvorgaben umbenennen. Der Film ohne laufende Nummer, also der, in dem unsere Bienen-Filmschnipsel sind, soll Hauptfilm heißen. Der Film mit der Nummer -01 wird zu Extras, **Film - 02** zu **Kommentare** und aus Film **-03** wird **Outtakes**. Sie sehen vor dem aktiven Film ein kleines Häkchen (Pfeil 1). Sie können immer nur den aktiven Film umbenennen. Klicken Sie einmal auf den Befehl **Film umbenennen** (Pfeil 2). Dieses Fenster erscheint. Ändern Sie den Namen entsprechend ab und klicken Sie dann auf **OK**.

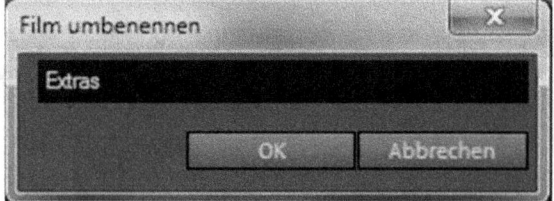

Von der Kamera auf die DVD mit Magix Video deluxe

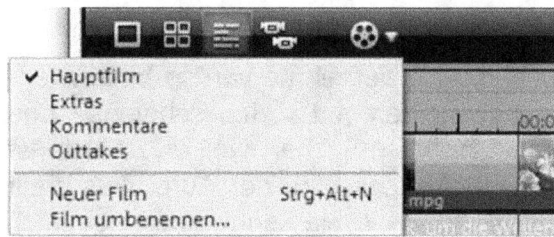

Das Endresultat sollte dann so aussehen. Um nun einen der Filme bearbeiten zu können, müssen Sie ihn vorher nur einmal anklicken.

Filme löschen

Nehmen wir mal an, sie haben sich verklickt oder haben sich die Sache anders überlegt und wollen einen der Filme nicht mehr in der Liste haben. Wie Sie in dem Menü sehen, gibt es keine Schaltfläche zum Löschen eines Filmes. Das ist auch gut so. So kann man sich nicht so leicht versehentlich einen Film löschen, in den man vielleicht schon viel Zeit und Hirnschmalz investiert hat. In dem

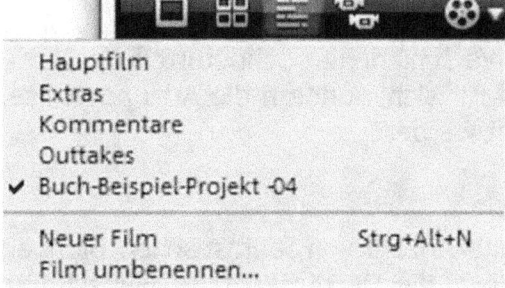

folgenden Beispiel habe ich versehentlich einen Film zu viel angelegt (Buch-Beispiel-Projekt -04). Den will ich wieder aus der Liste entfernen. **Wenn Sie einen Film löschen möchten, müssen Sie peinlich darauf achten, dass das Häkchen vor dem richtigen Film ist!!!** Klicken Sie nun auf den Menübefehl **Datei/Filme verwalten/Aus Projekt entfernen**. Und schon ist der Film, ohne weitere Sicherheitsabfrage aus dem Projekt verschwunden.

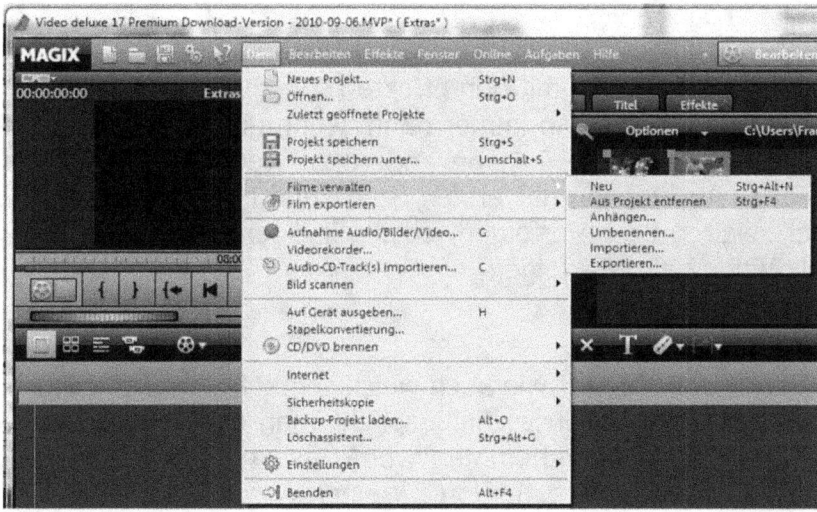

Filme bearbeiten (Schneiden)

Normalerweise ist keiner der Filmschnipsel die ich aufnehme von so bestechender Qualität, dass ich daran nicht herumschneiden muss. Ich schwenke und zoome zu viel und zu lang, finde das Objekt nicht im Sucher, weil es zu klein ist und sich zu schnell bewegt, Leute laufen mir durchs Bild, der Autofokus stellt sich plötzlich auf das falsche Objekt scharf usw. usw. Sie kennen das sicherlich auch. Einem „richtigen" Kameramann wird sich wahrscheinlich der Magen herum drehen, wenn ich so etwas schreibe: aber da muss man dann halt schneiden. Es gibt grundsätzlich drei Stellen, an denen geschnitten werden kann. Am Anfang, am Ende und mitten im Film. Was dann übrig bleibt, muss wieder so zusammengesetzt werden, dass es einen zusammenhängenden Film ergibt.

Welche Schnittarten gibt es?

Als ob Schneiden an drei verschiedenen Stellen nicht schon genug wäre, gibt es auch noch verschiedene Schnittarten. Die verschiedenen Schnittarten beschreiben eigentlich nicht das Schneiden an und für sich, sondern die Art und Weise, wie einzelne Filmszenen aneinander gesetzt werden.

Harter Schnitt

Magix Video deluxe bringt eine unglaubliche Anzahl von fantastischen Blenden mit. Leider muss ich Ihnen aber sagen, dass die Wirklichkeit des Filmschnitts eher der sogenannte *Harte Schnitt* ist. Das heißt, eine Szene wird ohne Übergangseffekt nahtlos an die vorhergehende Szene gesetzt. Klingt jetzt vielleicht ziemlich unkreativ, ist aber die Realität. Achten Sie mal in Filmen darauf.

Weicher Schnitt

Beim weichen Schnitt können Sie sich mit den Effekten so richtig austoben ☺.
Von einem weichen Schnitt spricht man immer dann, wenn ein Überblendeffekt eingesetzt wird, um von einer Szene in eine andere zu wechseln. Dies kann durch einfaches, weiches Ausblenden der ersten Szene und gleichzeitigem weichem Einblenden der zweiten Szene erfolgen, oder mit einem der vielen Blendeneffekte von Magix Video deluxe erfolgen.

Anschlussschnitt

Der Anschlussschnitt kann sowohl hart wie auch weich sein. Meistens ist er aber ein harter Schnitt. Von einem Anschlussschnitt spricht man, wenn eine Szene aus verschiedenen Perspektiven aufgenommen wurde und man zwischen den Perspektiven wechselt. Die klassische Situation für einen Anschlussschnitt wäre ein Interview. Sie können jedes Mal, wenn einer der Interviewpartner etwas sagt, zu diesem umblenden. Dabei kann es sinnvoll sein, mit mehreren Kameras gleichzeitig aufzunehmen. Nein, bei mir ist nicht der Reichtum ausgebrochen ☺. Ich habe nur eine „echte" Videokamera. Aber mein digitaler Fotoapparat kann auch prima filmen. Und ein zweites Stativ ist nun wirklich nicht teuer. Wenn Sie „nur" über eine Kamera verfügen, müssten Sie die gleiche Szene aus wechselnden Positionen mehrmals filmen, um einen vernünftigen Anschlussschnitt hin zu bekommen.

Was passiert beim Schneiden mit den Originalen?

Mein Vater hat noch seine Super-8-Filme auf dem Leuchttisch geschnitten. Das war noch ein echter physischer Schnitt. Das Filmmaterial wurde zerschnitten, das unerwünschte Material weggeworfen und die übrig gebliebenen Enden wurden wieder zusammen geklebt. Auf dem PC spricht man da eher von einem nicht destruktiven Schnitt. Das Originalfilmmaterial wird im Schnittprogramm zwar bearbeitet, der Schnitt erfolgt aber nur virtuell. Sie teilen dem Programm durch Ihren Schnitt quasi nur mit, welche Stücke des Films Sie nicht sehen möchten. Wenn Sie ein Magix Video deluxe-Projekt speichern, speichern Sie nicht den ganzen Film. Das würde ja auch unter Umständen recht lange dauern ☺. Die Projektdatei ist im Grunde nur eine Steuerdatei, in der mal stark vereinfacht erklärt, lediglich steht, welcher Film geladen werden soll, wo etwas ausgeblendet werden soll, wo für wie lange eine Blende benutzt werden soll usw. Sehen Sie sich doch mal die Größe der Projektdatei im Windows-Explorer an. Ziemlich klein, oder?

Wir bearbeiten (schneiden) unseren Film

Jetzt wird es ernst. Die beiden Filme mit den Bienen habe ich mit Bedacht ausgewählt. Bei einem ist der Anfang unscharf, bei dem anderen ist mittendrin und am Ende ein Stück unscharf und der Originalton ist unter aller Kanone, weil ständig laut tönende Touristen um mich herum waren. Insgesamt könnte man die Szene auch etwas kürzen. Oder glauben Sie es ist wirklich spannend 49 Sekunden lang einer Biene auf einer Blüte zuzusehen ☺? Fangen wir mal damit an, die unscharfen Stücke aus unserem Film heraus zu schneiden.

Von vorne Schneiden

Jede Szene ist wie ein rechteckiger langer Kasten auf der Timeline. Um am Anfang der zweiten Szene etwas wegzuschneiden, gehen Sie mit dem Mauszeiger genau auf das kleine Dreieck am Anfang der Szene (Pfeil 1).

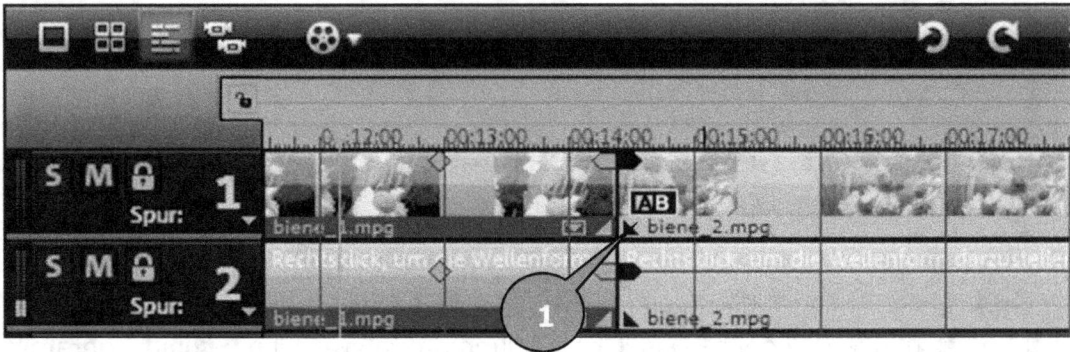

Da die beiden Szenen nahtlos aneinander sitzen, ist es nicht immer einfach das Dreieck genau zu treffen. Ich behelfe mir da mit einem kleinen Trick. Ich klicke in diesem Beispiel in die zweite Szene und schiebe diese mit gedrückter linker Maustaste etwas nach rechts. Dadurch entsteht eine kleine Lücke zwischen den Szenen (Pfeil 2). Jetzt lässt sich der Szenenanfang ganz einfach mit der Maus anklicken.

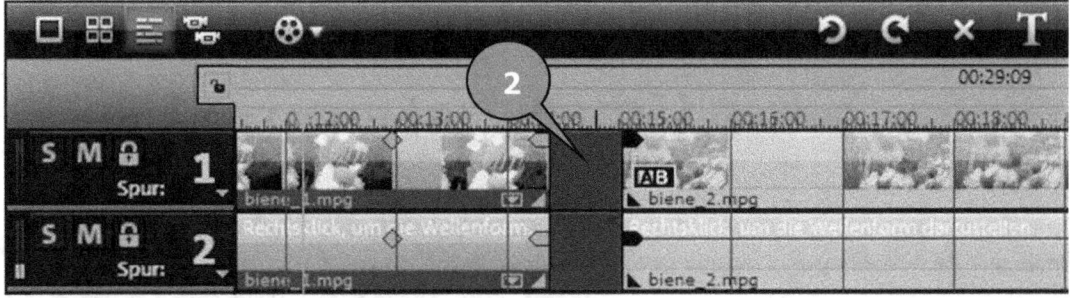

Diesen Szenenanfang schieben Sie nun so weit nach rechts, bis die unerwünschte Stelle am Anfang komplett ausgeblendet ist. Wenn Sie nicht sicher sind, ob Sie genau getroffen haben, sehen Sie sich die Szene in der Vorschau an, bis Sie zufrieden sind. Haben Sie zu viel ausgeblendet, können Sie das Anfasserdreieck der Szene wieder ein Stück nach links schieben.

Von der Kamera auf die DVD mit Magix Video deluxe

Von hinten Schneiden

Ähnlich wie der Schnitt von vorne klapp auch der Schnitt von hinten. Gehen Sie an das Ende der Szene und schieben Sie das kleine Dreieck (Pfeil 1) mit gedrückter linker Maustaste nach links, bis Sie an der gewünschten Stelle sind. Wenn Sie zu weit geschoben haben, können Sie das Dreieck auch wieder ein Stück nach rechts schieben.

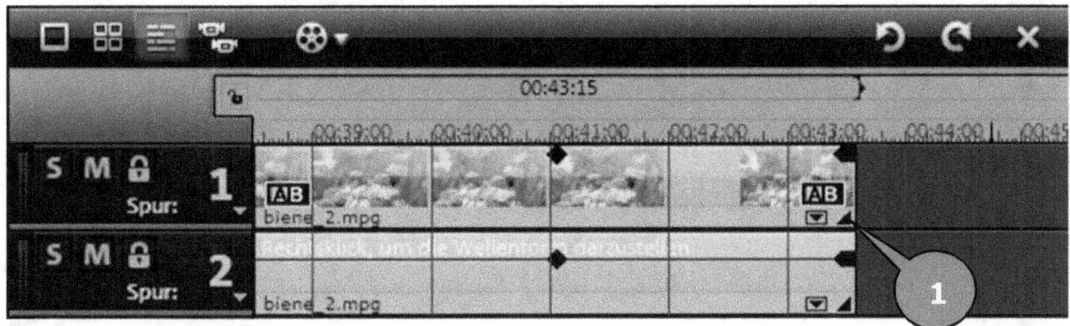

In der Mitte schneiden

Natürlich kann man auch Stücke oder nur einzelne Bilder aus der Mitte einer Szene schneiden. Dazu gibt es in der Werkzeugleiste dieses Symbol (Pfeil 2). Es ist einer Rasierklinge nachempfunden.

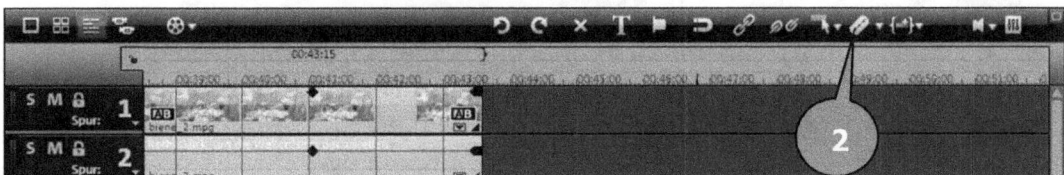

Klicken Sie zunächst an die Stelle in der Zeitskala, an der Sie schneiden wollen.

Dort erscheint der orangefarbene Startmarker (Pfeil 3). Der Startmarker hat oben ein kleines Dreieck. Mit diesem Dreieck können Sie den Startmarker auf der Zeitskala hin und her schieben, bis Sie genau an der richtigen Stelle sind. Wenn Sie jetzt das Rasierklingen-Werkzeug durch einfachen Mausklick auswählen, wird der Schnitt genau an der Position des Startmarkers ausgeführt. Mit dem ersten Schnitt machen Sie also aus einer Szene zwei Szenen. Etwa bei 11 Sekunden wird die Szene unscharf. Machen Sie dort also Ihren ersten Schnitt. Den zweiten Schnitt machen Sie bei 13 Sekunden. Damit ist unsere Szene in drei kleinere Szenen zerschnitten (Pfeile 1-3).

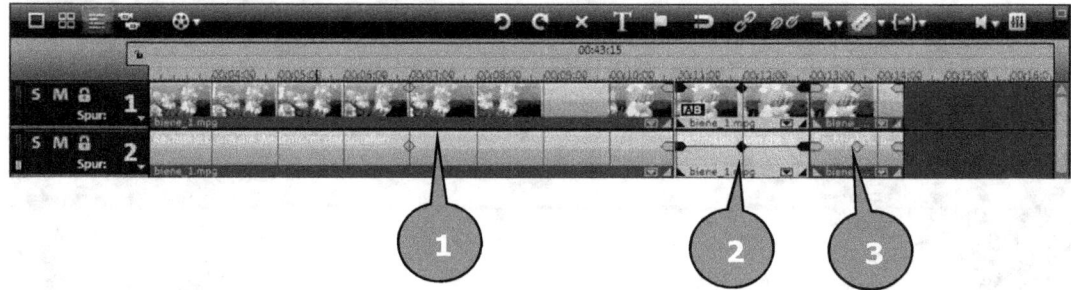

Szenen löschen

Um nun das Stück zwischen den beiden Schnitten zu löschen, müssen Sie es zunächst durch einfachen Mausklick markieren. So wie im obigen Beispiel. Um die markierte Szene aus dem Film zu löschen, haben Sie jetzt mehrere Möglichkeiten. Sie können entweder mit dem Mauszeiger genau auf der markierten Szene bleiben, drücken einmal kurz die rechte Maustaste und wählen aus dem sich öffnenden Kontextmenü den Befehl **Objekte löschen** oder Sie machen sich das Leben etwas leichter und drücken einfach auf Ihrer Tastatur einmal kurz auf die **Entf**-Taste. Auf manchen Tastaturen steht auch **Del** statt **Entf**. Die Abkürzungen auf den Tastaturen stehen für die Begriffe Entfernen bzw. Delete.

Wie Sie sehen, ist die Szene jetzt weg.

Szenen zusammenführen

Wenn Sie sich nun das Ergebnis der verschiedenen Schnitte ansehen, finden sich ein paar Lücken im Film (Pfeile 1 und 2). Dummerweise würden diese Lücken auch beim Abspielen als schwarzes Bild zu sehen sein.

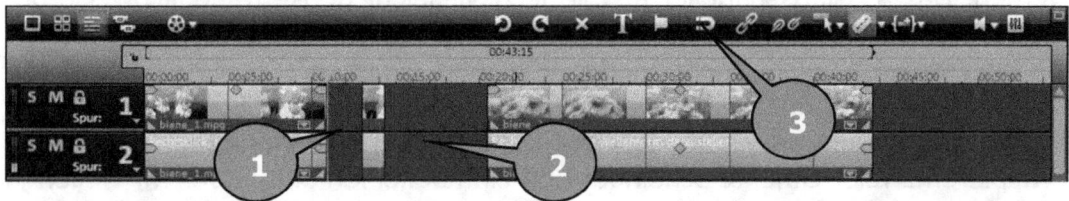

Also müssen Sie die einzelnen Bruchstücke wieder nahtlos aneinander fügen. Dabei arbeiten Sie sich am besten von links nach rechts vor. Schieben Sie die Szene rechts von der ersten Lücke so weit nach links, dass sie nahtlos an die Linke Szene anschließt. Das geht leichter, wenn Sie vorher das Magnet-Symbol

(Pfeil 3) aktivieren. Dann rasten die Szenen nämlich regelrecht ein.

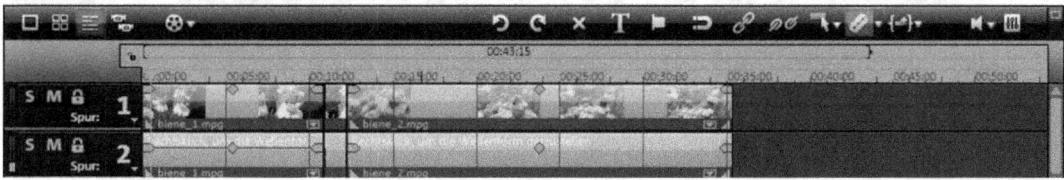

Das machen Sie, bis alle Lücken wieder geschlossen sind. Sehen Sie sich das Ergebnis ruhig mal in der Vorschau an. Uups. Da ist ja noch was unscharf ☺. Das mittlere kleine Stück ist es. Markieren Sie es durch einfachen Mausklick, drücken Sie einmal kurz die **Entf**-Taste und schieben Sie die rechte Szene nahtlos an die Linke. Das Endergebnis sollte jetzt etwa so aussehen.

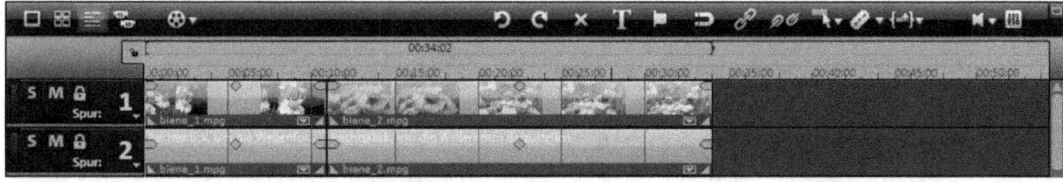

Sehen Sie sich die fertige Szene mal in der Vorschau an. Zwischen den beiden Teilszenen ist jetzt ein „harter Schnitt".

Wozu ist eine Gruppierung gut?

Sie können beliebige Objekte, egal, ob das Filme, Musik oder Bilder sind, in Gruppen zusammenfassen. Wenn Sie mit einem Bereich fertig sind, sollten Sie diesen Bereich gruppieren, damit nicht versehentlich z.B. Effekte verschoben werden. Das passiert schneller als Sie jetzt vielleicht denken. Möglicherweise bemerken Sie es nicht einmal sofort, weil der Bereich für Sie ja fertig ist und Sie ihn sich vielleicht nicht mehr in der Vorschau ansehen. Die Gruppierung hat außerdem den Vorteil, dass Sie die ganze Gruppe auf einen Schlag auf der Timeline verschieben oder auch löschen können. Zugegebenermaßen macht das Gruppieren zweier Objekte scheinbar erst einmal keinen Sinn, aber wir wollen ja irgendwann auch Titel und Effekte hinzufügen. Die Gruppierung hilft uns dabei, manche Arbeiten nicht zweimal machen zu müssen.

Gruppierung

Sinnvoll ist eine Gruppierung nur für Objekte, die zeitlich unmittelbar aufeinander folgen. Um diese Objekte zu gruppieren, markieren Sie zunächst das erste Objekt durch einfachen Mausklick. Halten Sie nun auf der Tastatur die Shift- bzw. Großschreibtaste gedrückt und klicken Sie das letzte Objekt durch einfachen Mausklick an. Jetzt sind alle Objekte zwischen dem ersten und zweiten Mausklick gleichzeitig markiert. Klicken Sie nun einmal auf das Symbol der geschlossenen Kette (Pfeil 1).

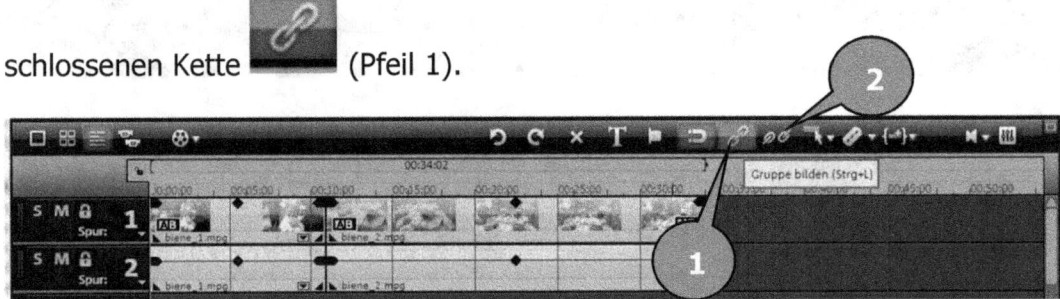

Sie können zwar erkennen, dass dieser Bereich aus mehreren Szenen besteht, Sie können aber nur alle zusammen auf der Zeitleiste verschieben.

Gruppierung aufheben

Manchmal will man ja vielleicht doch nochmal etwas ändern. Dann kann man die Gruppierung mehrerer Objekte auch wieder aufheben. Dazu klicken Sie das gruppierte Objekt einmal an, um es zu markieren. Klicken Sie nun einmal auf das Symbol der gebrochenen Kette (Pfeil 2) und schon sind die Objekte wieder getrennt. Sieht man nur noch nicht ☺. Erst wenn Sie eines der Objekte anklicken, sehen Sie, dass es wieder alleine markiert wird. **Das Aufheben der Gruppierung wird auch nochmal bei der Audiobearbeitung wichtig!**

Titel

Mit dem Begriff Titel ist hier nicht oder zumindest nicht nur der Name des Films gemeint. Titel ist eher so etwas wie der Oberbegriff für das Einblenden von Text vor, hinter oder mitten im Film. Solche Titel können verschiedene Zwecke erfüllen. Sie zeigen dem Zuschauer Informationen, die der eigentliche Film evtl. nicht hergibt. Am Anfang des Films sollte der Name oder der Anlass des Films sein. Vielleicht auch noch ein paar Zusatzinformationen über den Film. Am Ende des Films könnte ein Abspann sein, der den interessierten Zuschauer über Akteure, Macher, Equipment, Musik, Quellen usw. informiert. Während des Films können Titel eingeblendet werden, mit Ortsnamen, Personendaten oder anderen Zusatzinformationen. Und dann wären da noch die Untertitel, die auch Gehörlose mit Informationen und Dialogen versorgen können. Das Anwendungsfeld für Titel ist also ziemlich breit. All diese Titel können in den verschiedensten Zeichensätzen (Fonts), Größen und Farben dargestellt werden. Außerdem bietet Magix Video deluxe eine enorme Anzahl an Titel-Animationen und -Vorlagen. Titel müssen also keineswegs starre Texteinblendungen sein. Ein Titel kann als Standalone-Text eingeblendet werden oder er kann in ein laufendes Video überblendet werden. Sie können den Titel aber auch auf ein Foto legen. Die Laufzeit des Titels kann variiert werden.

Wir machen einen Titel an den Anfang des Films

Wir haben zwar erst die erste Szene für unseren Film geschnitten, machen aber trotzdem schon mal einen Titel davor. Später werden Sie noch weitere Szenen zwischen den Titel und diese erste Szene setzen. Sie sollen ja auch lernen, wie man ein Filmprojekt komplett umbauen kann, ohne von vorne anzufangen. Um

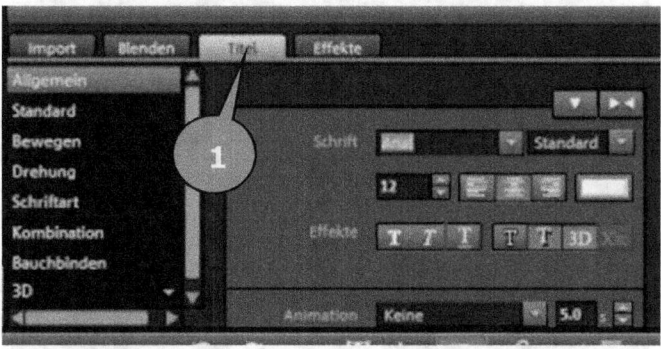

einen Titel anzulegen, klicken Sie auf die Registerkarte **Titel** (Pfeil 1). Hier können Sie gleich damit beginnen, Zeichensatz, Schriftgröße und Schriftfarbe, sowie einige andere Schriftattribute einzustellen. Anschließend klicken Sie einmal in das Vorschaufenster.

Von der Kamera auf die DVD mit Magix Video deluxe

Dadurch öffnet sich ein kleines Editorfenster (Pfeil 1), in das Sie nun Ihren Text schreiben können. Ich schlage als Filmtitel mal „*Ein Sommerurlaub in Cornwall*" vor. Ein Klick auf das Häkchen (Pfeil 2) speichert den Text. Sehen Sie sich mal die Timeline an.

Der Titel ist in die dritte Spur gelegt worden (Pfeil 3) und fängt zeitgleich mit dem Film an. Die Länge des Titels ist vier Sekunden. Sehen Sie sich das ganze jetzt mal in der Vorschau an.

Wir ändern den Titel nachträglich

Die Schrift ist ganz schön klein. Oder? Das ändern wir jetzt. Um den Titel zu ändern, machen Sie einen Doppelklick auf die Titelspur in der Timeline (Pfeil 3). Das zeigt den Titel wieder im Editormodus an. Sie können jetzt den Text bei Bedarf ändern oder Sie verändern

Von der Kamera auf die DVD mit Magix Video deluxe

irgendwelche Text-Attribute wie z.B. die Größe. Ändern Sie die Größe auf **48** (Pfeil 1) Und klicken Sie zusätzlich auf **Schatten** und **3D** (Pfeile 2 & 3). Das verleiht dem Text gleich eine gewisse Erhabenheit.

Mit der Farbschaltfläche (Pfeil 4) können Sie die Textfarbe ändern. Dazu lesen Sie sich das Kapitel *Kleine Windows Farbenlehre* durch.

Sehen Sie sich die Vorschau noch einmal an. Jetzt kann man den Titel besser lesen.

Das reicht uns aber noch nicht. Jetzt soll der Titel sich auch bewegen.

Wir löschen den Titel wieder

Um den Titel wieder zu löschen, klicken Sie ihn in der Timeline einmal an und drücken anschließend die **Entf**- bzw. **Del**-Taste.

Wir machen einen animierten Titel

Sehen wir uns doch mal die Titelanimationen an. Ab **Standard** sind alle Titelvariationen in irgendeiner Form animiert. Wenn Sie einen Titeleffekt einmal anklicken, können Sie in der Vorschau zumindest ungefähr erkennen, wie er im Film ablaufen wird. Ein Doppelklick übernimmt den Titel in den Film. Ich habe mich in diesem Beispiel für eine schlichte Bauchbinde entschieden.

Die Wahl der Titelanimation ist nicht immer einfach. Man ist schnell versucht allzu verspielte Dinge auszuprobieren. Ein Titel sollte zum Film-Thema passen und gut lesbar sein. Bei der Wahl der Schrift sollten Sie auch nie vergessen, dass ein Fernseher nicht die Bildqualität eines Computermonitors liefert. Vielleicht sollten Sie sich mal eine Demo-CD brennen auf der verschiedene Titel in unterschiedlichen Größen und Farben sind. Dann werden Sie schnell merken, was geht und was nicht.

Wir machen einen Abspann an das Ende des Films

Der Abspann ist der Zeitpunkt, bei dem im Kino die meisten Leute aufstehen und gehen. Eigentlich schade. Naja. Wenn der Abspann gut ist ☺. Bei meinen DVDs versuche ich immer noch ein Paar Gags im Abspann einzubauen. Das erzeugt noch mal ein paar Lacher. Dabei fällt mir auf, dass die Filme, die ich für mich mache, meist eher ins komische tendieren. Macht nichts. Lachen ist gesund. Zurück zum Thema. Wir machen einen seriösen Abspann ans Ende unseres Films. Dieser Abspann soll den Namen des Urhebers und auch ruhig einen Copyright-Hinweis haben. Wenn andere Personen, und sei es nur an Kleinigkeiten, mitgearbeitet haben, nennen Sie sie ruhig beim Namen und bedanken Sie sich für die geleistete Arbeit. Bei Ihnen, wie auch bei mir, kommen meist alle Arbeiten von der gleichen Person. Ich fände es ziemlich albern, wenn im Abspann stände: Regie: Franz Hansmann, Kamera: Franz Hansmann, Schnitt: Franz Hansmann usw. Gäääääähhhhhn. Mehr als ein Einzeiler kann es aber ruhig werden ☺. Z.B. so:

Idee und Realisation:	Franz Hansmann
Kamera:	Panasonic HDC-SD300 Sony DSC H7
Schnittsoftware:	Magix Video deluxe
Musik-Software:	Magix Music Maker
Bildbearbeitung:	Irfanview, Gimp
Musik:	Foxtrott Hotel (Anm. des Autors: FH sind meine Initialen)
Drehorte:	Cornwall – England; Marazion, St. Ives, Land's End, Minack Theatre, Lost Gardens of Heligan

Beratung, Kritik und Catering: GN (Anm. des Autors: den Namen darf ich nicht nennen, sonst bin ich ein toter Mann ☺.)

Copyright © 2010 Franz Hansmann

Von der Kamera auf die DVD mit Magix Video deluxe

Setzen Sie den Startmarker an die Stelle des Films, wo der Abspann hin soll. In Unserem Fall also unmittelbar an das Ende des Films. Der neue Titel wird dann genau ab dort eingeblendet. Klicken Sie nun bei **Titel** auf **Standard** und dort auf **Abspann**. Der Standard-Abspann ist die gute alte Laufschrift von unten nach oben. Geben Sie den Text ein, wie auf der vorhergehenden Seite beschrieben. Was an dem Titeleditor wirklich gemein ist, ist das er viele Funktionen einer Textverarbeitung vermissen lässt. So gibt es keinen Tabulator und auch das Einfügen von Sonderzeichen werden Sie vergeblich suchen. Das © bekommen Sie mit folgender Tastenkombination: ALT-0169. D.h. Halten Sie die ALT-Taste (NICHT ALT GR) fest und drücken Sie nacheinander die Zahlen 0169. Dann erscheint das ©. Wie Sie an andere Sonderzeichen wie das ®, ê, ç oder an dieses ☏ kommen, lesen Sie im Kapitel *Sonderzeichen im Titel* durch. Ist der Titel fertig, klicken Sie auf das Häkchen. Wenn Sie sich den Titel in der Vorschau ansehen, werden Sie feststellen, dass er sehr schnell durchläuft. Für meinen Geschmack zu schnell. Also geben wir dem Titel etwas mehr Zeit. Bewegen Sie den Mauszeiger auf das Dreieck rechts unten in der Ecke des Titels und ziehen es mit gedrückter linker Maustaste nach rechts (Pfeil 1).

Wenn der Titel ca. 10 Sekunden lang ist, läuft er in einer Geschwindigkeit, die zumindest mir gefällt. Stellen Sie die Länge aber ruhig so ein, wie sie Ihnen gefällt.

Untertitel

Vielleicht machen Sie ja mal einen Film, der auch bei gehörlosen Personen gut ankommen soll. Oder Sie machen aus einem Film einen Stummfilm, der auch noch auf alt getrimmt ist. Machen wir also Untertitel für Gehörlose. Untertitel für Gehörlose sollen immer dann eingeblendet werden, wenn im Film gesprochen wird. Dabei sollte der Text solange stehen bleiben, dass er gelesen werden kann und gleichzeitig der Handlung des Films gefolgt werden kann. Zugegebenermaßen hat das seine Grenzen. Bei einer texanischen Rinderversteigerung brauchen wir wohl gar nicht erst zu versuchen sprechsynchrone Untertitel zu erzeugen. Da wird so schnell gesprochen, dass das sowieso nur von Insidern verstanden wird. Aber im Normalfall sollten Untertitel zum Film gut mithalten können. Wenn Sie Ihren Film mit und ohne Untertitel machen wollen, können Sie ja zwei verschiedene Filme anlegen. Wie man das macht haben Sie ja schon im Kapitel **Wir wollen mehrere Filme bearbeiten** gelernt.

Zurück zu den Untertiteln. In unserem Film erscheint irgendwann eine Hummel. Setzen Sie den Startmarker genau an die Stelle, wo die Hummel erstmals ins Bild kommt. Wählen Sie als Titel den Typ **Standard** und dann **Untertitel klein**. Doppelklicken Sie den Titel im Vorschaumonitor und schreiben Sie als Text: *Hier sehen Sie eine Hummel auf einer Blüte.* Wählen Sie als Schriftfarbe **Weiß**. Klicken Sie auf das Häkchen um den Text zu speichern. Ziehen Sie das rechte untere Dreieck (Pfeil 1) der Titelspur bis zu der Stelle, an der die Hummel aus dem Bild verschwindet.

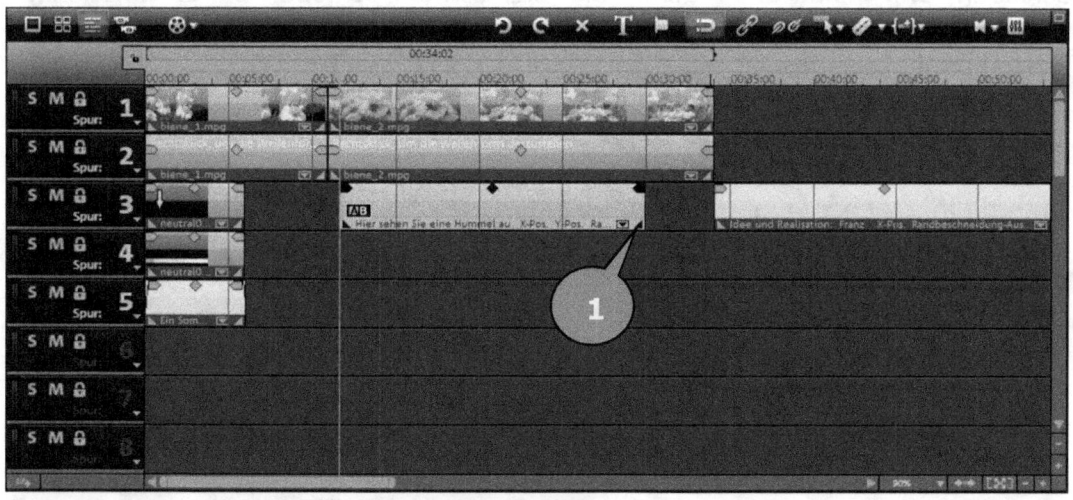

Sehen Sie sich die Vorschau an. Für meinen Geschmack könnte der Titel weiter unten sein. Also verschieben wir den Titel auch nach unten.

Wenn Sie den Titel im Vorschaumonitor einmal anklicken, erscheint eine punktierte Linie um den Titel, sowie einige Anfassermarken (Pfeile 1 & 2). Mit den Anfassermarken können Sie die Größe des Textfeldes verändern. Wenn Sie aber mitten in das Textfeld klicken und die linke Maustaste gedrückt halten, können Sie das Textfeld an eine andere Position schieben. Und genau das machen Sie jetzt einmal. Schieben Sie es weiter nach unten. Schon besser. Haben Sie was gemerkt? Es geht nicht ganz nach unten.

Dort könnte es ja, je nach Darstellungsform, abgeschnitten werden. Wenn Sie einen Film mit Untertiteln machen wollen, müssen Sie diesen Vorgang natürlich immer dann machen, wenn es etwas mitzuteilen gibt. Genau wie Filme schneiden ist es eine echte Fleißarbeit.

Einblendtitel

Wenn man es genau nimmt, ist der Einblendtitel nichts anderes als der Untertitel. Er dient nur einem anderen Zweck und muss nicht unbedingt am unteren Bildrand sein, wie man das etwa von einem Untertitel erwartet. Technisch funktioniert die Titeleinblendung immer gleich. Mögliche Anwendungen eines Einblendtitels wären z.B. ein Namenszug, um eine Person oder einen Ort vorzustellen. Dann brauchen Sie den Text nicht auf zu sprechen.

Titel nachträglich ändern

Bei den animierten Titeln haben Sie gesehen, dass das eigentliche Titelobjekt über mehrere Spuren geht. Eine dieser Spuren, meist die Unterste, ist der eigentliche Textblock. Ein Doppelklick öffnet den Texteditor im Vorschaufenster. Wenn Sie sich nicht sicher sind, welche Spur die Richtige ist, probieren Sie es einfach aus. Wenn Sie die falsche Spur erwischen, öffnet sich der Texteditor nicht. Sonst passiert nichts ☺. Wenn Sie eine ganz anders aussehende Titelanimation wählen sollten, ist es manchmal besser den alten Titel zu löschen und einen neuen Titel einzufügen.

Blenden

Eine Blende ist ein Übergang von einer Szene in eine andere. Das kann als harter Schnitt erfolgen, oder in irgendeiner Form animiert sein. Die Blenden sind so etwas wie das Salz in der Suppe. Es geht auch ohne aber mit schmeckt es besser ☺. Wie ich bei den verschiedenen Schnittarten schon erklärt habe, ist der harte Schnitt in der Filmwelt häufiger zu finden als ein weicher Schnitt. Bei einem Interview irgendwelche Blenden zu verwenden, wenn Sie von einem Sprecher auf den anderen wechseln macht ja wenig Sinn. Das wäre nur störend. Anders sieht das aber schon aus, wenn Sie bei längeren Landschaftsaufnahmen von einer Region in eine andere überblenden wollen. Da kann ein schöner Übergang sehr reizvoll sein. Wenn Sie mit Magix Video deluxe eine Dia-Show erstellen, und das werden Sie im Verlaufe dieses Buches noch, dann machen die Blenden die Diashow lebendig. Wenn die Blenden dann auch noch mit der Hintergrundmusik synchronisiert sind, werden Ihre Zuschauer begeistert sein.

Eine einfache Blende

Die einfachste aller Blenden ist sicherlich die Kreuzblende. Man überlagert den Anfang einer Szene mit dem Ende der davor liegenden Szene. Dabei wird die erste Szene sanft ausgeblendet und die neue Szene gleichzeitig sanft eingeblendet. Das können Sie in Magix Video deluxe ganz einfach realisieren.

In diesem Beispiel habe ich die Szene biene_2 ein Stückchen auf die Szene biene_1 geschoben. Dabei entsteht ein diagonales, dünnes, schwarzes Kreuz (Pfeil 1, vorherige Seite). In der Zeitskala können Sie jetzt genau sehen, wann die Überblendung anfängt, und wann sie aufhört (Pfeile 2 & 3, vorherige Seite). Wie Sie in der Tonspur sehen (Pfeil 4, vorherige Seite) wird auch der Ton überblendet.

Ein- und Ausblenden

Eine weitere ganz einfache Blende ist das simple Ein- bzw. Ausblenden einer Szene. Dabei wird kein Überblenden in eine andere Szene vorgenommen. Auch das ist schnell erledigt.

Am Anfang und am Ende einer jeden Szene sehen Sie kleine Anfasserpfeile (Pfeile 1 & 2). Diese lassen sich mit gedrückter linker Maustaste in die Szene verschieben. Im linken Beispiel sehen Sie, dass ich den Endanfasser der ersten Szene etwas nach links und den Anfangsanfasser der zweiten Szene etwas nach rechts verschoben habe. Dadurch wird die erste Szene ausgeblendet, bis nur noch ein schwarzes Bild zu sehen ist und dann erst dann wird die zweite Szene langsam eingeblendet. Je weiter Sie die Anfasserpfeile verschieben, desto länger dauert das Aus- bzw. Einblenden.

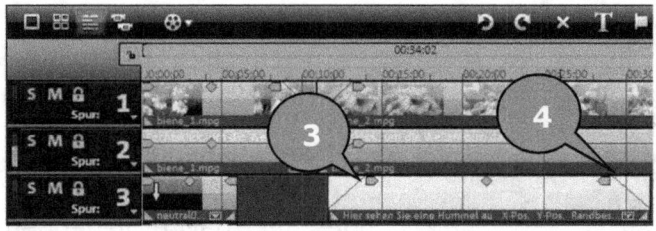

Wie Sie in diesem Beispiel sehen, kann auch eine Textein- und -ausblendung sanft erfolgen (Pfeil 3 & 4).

Animierte Blende auswählen

Tja. Und dann gibt es noch die Rosinen im Kuchen. Magix Video deluxe bringt nämlich bereits eine große Zahl erstklassiger Blenden mit, die aus Ihren Szenen die tollsten Effekte herauskitzeln. Ich arbeite seit mehr als 25 Jahren mit Computern und bin nicht mehr so leicht zu beeindrucken. Aber die Zahl und Qualität der Blenden in diesem Programm hat mich beeindruckt. Manchmal habe ich an den Blenden mehr Spaß als dem Film selber ☺.

Um die Liste der Blenden aufzurufen, klicken Sie auf die Registerkarte **Blenden** (Pfeil 1). Sie sehen eine Liste mit Oberbegriffen, in denen sich verschiedene Blenden befinden (Pfeil 2). Teilweise sind diese Oberbegriffe nochmal nach Themen unterteilt. Das erkennen Sie an dem kleinen Pfeil hinter dem Oberbegriff (Pfeil 3). Klicken Sie einen der Oberbegriffe an, werden Ihnen rechts alle Blenden angezeigt, die sich in diesem Ordner verbergen (Pfeil 4). Wenn Sie eine dieser Blenden einmal anklicken, sehen Sie eine kleine Vorschau und bekommen eine Ahnung davon, was diese Blende mit Ihrem Film macht. Da gibt es Blenden, die einfach eine Szene wegklappen und die Nächste reinklappen, eine Szene verwandelt sich erst in einen Schneemann um dann aus dem Bild zu verschwinden oder eine Kamerafahrt durch ein Wohnzimmer, vom Flachfernseher zum Notebook. Ich kann die hier unmöglich alle erklären. Klicken Sie sich einfach mal in einer stillen Stunde dadurch. Egal wie kompliziert Ihnen die Blenden jetzt erscheinen mögen. Sie werden alle auf die gleiche einfache Methode in den Film gebracht. Man zieht die gewünschte Blende mit gedrückter linker Maustaste an die Stelle des Films, wo sie hin soll. Also an eine Schnittstelle zwischen zwei Szenen Ihrer Wahl. Wenn Sie das mal mit verschiedenen Blenden machen, werden Sie feststellen, dass die Balken, die in der Timeline erscheinen, unterschiedlich lang sind. D.h. dass die Blenden unterschiedliche Zeit benötigen um abzulaufen. Die Blendenzeit lässt sich aber hinterher noch verändern, wenn Ihnen die vorgegebene Zeit nicht gefällt.

Blendenzeit ändern

Genau wie bei der einfachen Kreuzblende sehen Sie nun ein dünnes X über dem Anfang der zweiten Szene (Pfeil 1). Das ist immer der Hinweis auf eine verwendete Blende. Mit der Anfassermarke der Blende (Pfeil 2) können Sie die Blendenzeit einstellen. Je weiter Sie den Anfasser nach rechts schieben, desto länger dauert die Überblendung. Im linken Beispiel sehen Sie eine deutliche Verlängerung der Blendenzeit (Pfeil 3).

Blende ändern

Es gibt verschiedene Möglichkeiten eine andere Blende auszuwählen. Die einfachste Methode ist, dass Sie einfach eine an-dere Blende auf die zu ändernde Blende ziehen. Dadurch wird die alte Blende gelöscht und die neue eingefügt. Die zweite Methode benutze ich immer, wenn die entsprechende Szene sowie schon durch einen Mausklick markiert ist. Bei einer markierten Szene ist ab Anfang immer ein **AB**-Symbol. Wenn Sie dieses Symbol einmal

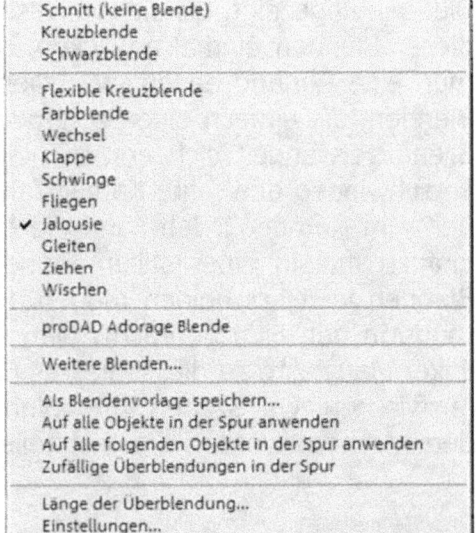

anklicken öffnet sich ein Menü. Dort sehen Sie ein Häkchen bei der verwendeten Blende. Wenn Sie eine der anderen Blenden aus dieser Gruppe verwenden wollen, müssen Sie diese nur einmal anklicken. Vergessen Sie danach nicht die Blendenzeit evtl. wieder anzupassen.

Blende löschen

Eine Blende löschen Sie, in dem Sie die entsprechende Szene markieren, einmal auf die **AB**-Schaltfläche klicken und den Befehl **Schnitt (keine Blende)** aus dem Menü auswählen (Siehe vorherige Seite).

Wir machen eine Blende in unseren Film

Für unseren Beispielfilm müssen Sie sich jetzt für eine Blende entscheiden. Ziehen Sie diese auf den Szenenübergang zwischen biene_1 und biene_2. Haben Sie keine Hemmungen. Spielen Sie ruhig mal was damit rum.

Effekte

Ein Effekt dient dazu eine ganze Szene oder evtl. sogar den ganzen Film zu verändern oder zu verfremden. Effekte können dabei gewollt sichtbar sein, oder so eingesetzt, dass man sie nicht wahrnimmt. Die Manipulationsmöglichkeiten die Ihnen Magix Video deluxe dabei zur Verfügung stellt sind enorm. Um an die Effekte zu kommen, klicken Sie im Mediapool auf die Registerkarte **Effekte** (Pfeil 1). Daraufhin bekommen Sie in einer Spalte eine mit den verschiedenen Effektgruppen angezeigt (Pfeil 2). An dem kleinen Pfeil hinter den Effektgruppen (Pfeil 3) erkennen Sie, dass diese noch in Unterkategorien aufgeteilt sind. Klicken Sie auf eine der Effektgruppen, werden Ihnen die darin befindlichen Effekte in einer Miniaturansicht angezeigt (Pfeil 4).

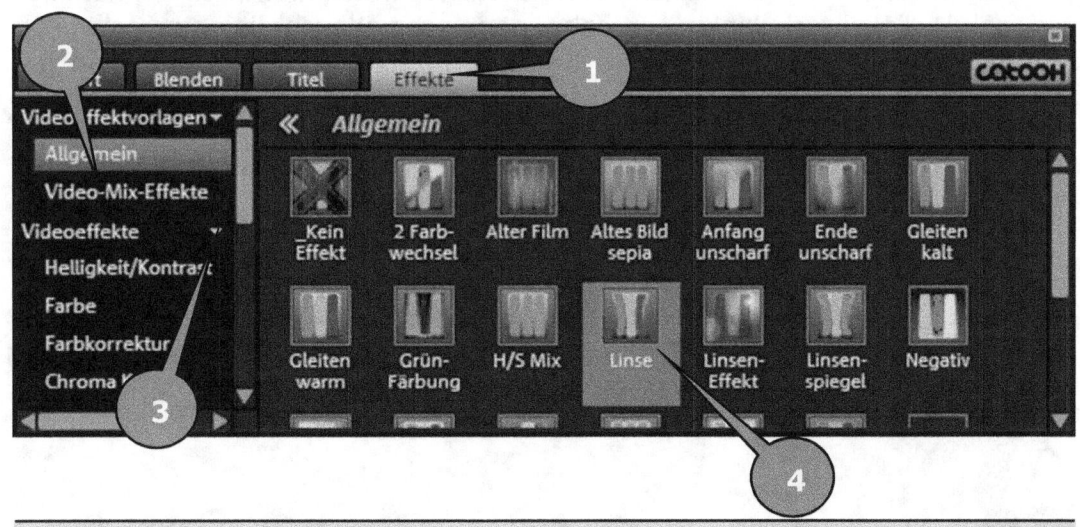

Was für Effekte gibt es?

Die Effekte sind außerordentlich vielfältig. Manche von ihnen würden aber eher in den Bereich Blenden gehören, da sie sich nur auf den Szenenanfang oder das Szenenende auswirken. Die Effekte fangen schon damit an, dass Sie damit Helligkeit, Kontrast und Farben verändern können. Diese Effekte kann man nicht nur zur Verfremdung des Filmmaterials benutzen, sondern auch zur Optimierung. Aus so mancher Szene, die zu dunkel war, habe ich durch Veränderung von Helligkeit und Kontrast, vielleicht nichts Gutes, aber noch etwas Brauchbares gemacht. Oder haben Sie mal vergessen einen Weißabgleich zu machen, wenn Sie in einer nur mit Neonlicht beleuchteten Sporthalle gefilmt haben? Hässlich so ein Blaustich. Finden Sie nicht auch? Solche Szenen muss man heute nicht mehr löschen. Oft reicht es aus, den Blauregler nur etwas zurück zu nehmen und schon sind weiße Gegenstände wieder weiß. Andere Effekte verändern die Szene nicht um sie qualitativ zu verbessern, sondern um durch den Einsatz eines Effektes eine bestimmte Wirkung zu erzielen. Die Zahl der Effekte ist so vielfältig, dass es den Rahmen sprengen würde, diese hier alle zu beschreiben. Ich schlage vor, einfach mal ein paar Effekte auszuprobieren. Mir geht es oft so, dass ich dabei vielleicht nicht gleich den passenden Effekt für die Szene finde. Aber oft kommen mir beim Rumspielen mit den Effekten Ideen, was ich in einem anderen Film damit machen könnte.

Effekte auf den ganzen Film oder Teile des Films anwenden

Sichtbare Effekte setze ich persönlich recht selten ein. Häufiger ist es da schon, dass ich die Helligkeit einer Szene verändere. Wenn ich z.B. in einem Kameraschwenk Helligkeitsschwankungen habe, dann schneide ich die entsprechenden Stellen. Dadurch habe ich mehrere Szenen, die ich dann ganz gezielt in der Helligkeit verändern kann. Das gewünschte Endresultat ist eine gleichmäßige Helligkeit in der Szene. Um nun einen Effekt auf eine Szene oder evtl. sogar den ganzen Film anzuwenden, muss die entsprechende Szene oder der ganze Film markiert sein. Um eine Szene zu markieren, reicht es, diese in der Timeline durch einfachen Klick zu markieren. Ziehen Sie nun den gewünschten Effekt auf die Szene. Wenn Sie mehrere oder alle Szenen mit dem gleichen Effekt versehen wollen, können Sie auch alle gewünschten Szenen gleichzeitig markieren. Mit der Shift- bzw. der Strg-Taste oder Strg-A geht das ja sehr komfortabel. Siehe Tipps und Tricks *Markieren mehrerer Elemente*.

Effekte ändern

Wenn Sie einen Effekt ändern wollen, müssen Sie lediglich einen anderen Effekt auf die Szene ziehen.

Effekte löschen

Um einen Effekt zu löschen, gibt es zwei Möglichkeiten. Entweder wählen Sie aus den **Videoeffektvorlagen/Allgemein** den Effekt **_Kein Effekt** (Pfeil 1) und ziehen diesen auf die Szene oder Sie machen auf der Szene einen kurzen Rechtsklick mit der Maus und klicken im sich öffnenden Menü auf den Befehl **Videoeffekte/Videoeffekte zurücksetzen** (Pfeile 2 & 3).

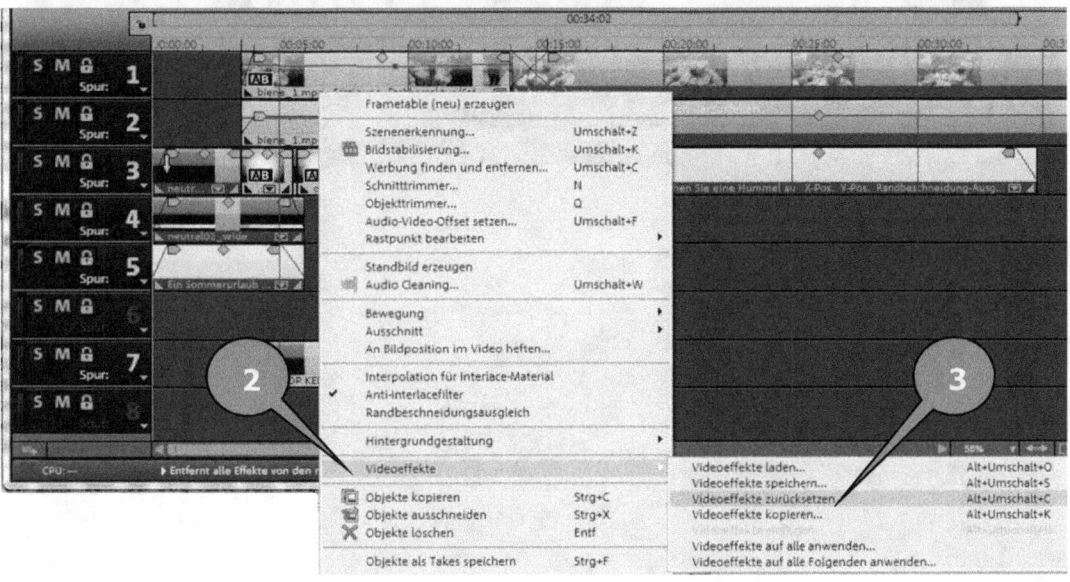

Von der Kamera auf die DVD mit Magix Video deluxe

Wir machen einen Effekt in unseren Film

Im unteren Beispiel habe ich mal für uns entschieden, dass wir den **Effekt Alter Film** (Pfeile 1 & 2) auf die erste Szene anwenden. Sehen Sie sich das mal in der Vorschau an. Das erinnert mich an die schwarz-weißen Stummfilme, die in meiner Kindheit noch oft im Fernsehen liefen.

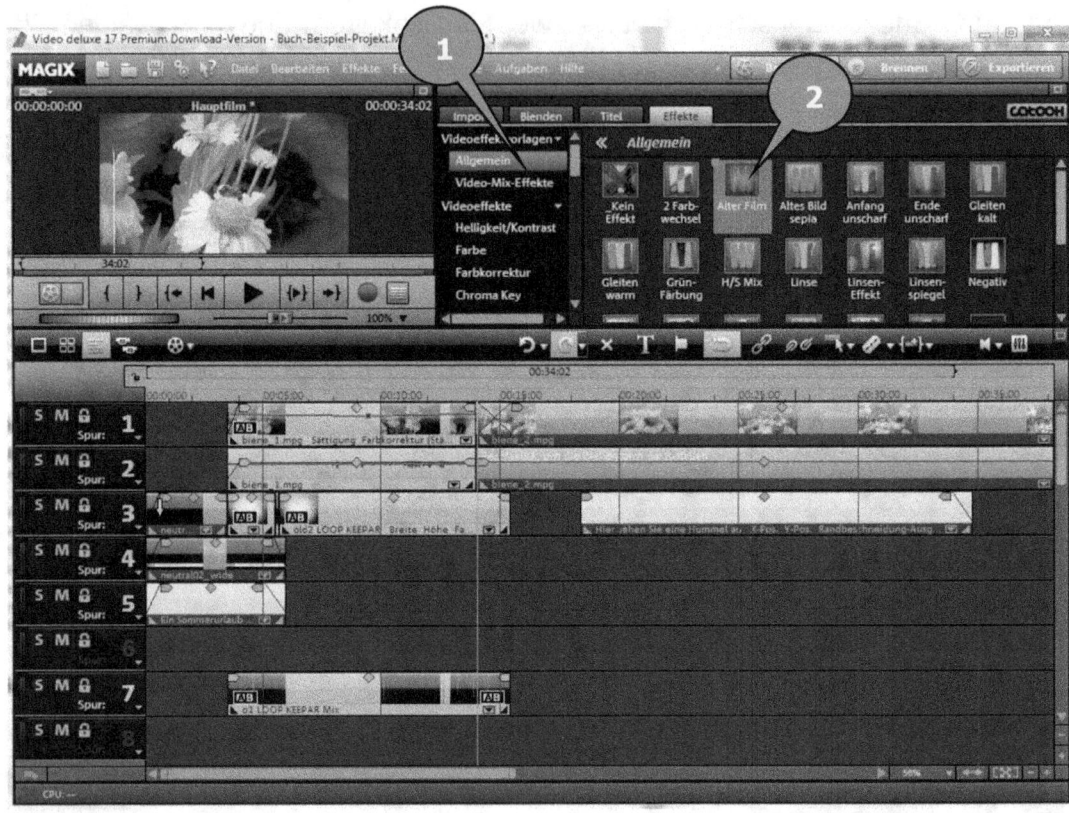

Fotos in den Film integrieren

Schleppen Sie im Urlaub auch immer neben der Videokamera einen digitalen Fotoapparat mit sich herum? Also ich mache das. Es gibt einfach Dinge, die kann man besser fotografieren als filmen. Eine der vielen tollen Funktionen an Magix Video deluxe ist, dass man Fotos und Videos nach Belieben mischen kann. Oder man kann auch ganze Dia-Shows erstellen, mit fantastischen Überblendeffekten versehen und das alles noch mit Hintergrundmusik unterlegen. Ich liebe das, weil man die Übergänge wirklich spielerisch einfach mit der Musik in Einklang bringen kann. Diese Fotos sollten mindestens die Auflösung Ihres Films haben. Da wir ziemlich am Anfang dieses Buches die Einstellung PAL 16:9 720x576 ausgewählt haben, sollten die Fotos nach Möglichkeit auch nicht kleiner sein als 720x576 Pixel. Sie würden nur Bildqualität verschenken, wenn die Fotos kleiner wären. Digitalkameras machen heutzutage Bilder in enormen Auflösungen. Sie können diese Bilder ruhig in voller Größe importieren. Magix Video deluxe rechnet die schon auf die passende Größe runter. Um ein Foto zu importieren, klicken Sie auf die Registerkarte **Import**. Wählen Sie aus dem richtigen Ordner ein beliebiges Bild aus. Sie können auch mehrere Fotos gleichzeitig importieren. Diese werden dann in der Timeline hintereinander aufgereiht.

Eine kleine Dia-Show

Wenn ich vorhabe eine Dia-Show zu erstellen, kopiere ich mir zunächst mal alle Bilder, die in die Dia-Show sollen in einen Ordner. Da kann ich mich dann ganz auf die Show selber konzentrieren und muss nicht ständig nach dem nächsten Bild suchen. Ich habe da eine kleine Auswahl an Fotos zum Download für Sie bereitgestellt. Im Kapitel *Download* finden Sie die Internetadresse dazu. Die Fotos sind in Größe und Qualität etwas reduziert um das Downloadvolumen klein zu halten. Sie haben alle etwa eine Größe von 1024x768 Pixel. Für eine Dia-Show, die als DVD-Videofilm gespeichert wird, ist diese Auflösung völlig ausreichend. Anders sieht aus, wenn Sie das hochauflösende Format HD-1080 für eine Blu-ray-Disk gewählt hätten. Dann sollten die Fotos schon eine Auflösung von ca. 1440x1280 Pixel haben. Auch dafür finden Sie im Kapitel *Download* die Internetadresse. Speichern Sie sich diese Fotos in einem noch anzulegenden Ordner Namens **Dia-Show** in Ihrem Ordner **Buch-Beispiel-Projekt**.

Wir machen Fotos in unseren Film

Zunächst mal wollen wir ein einzelnes Foto importieren und irgendwo in unserem Film positionieren. Dazu klicken Sie auf die Registerkarte **Import** (Pfeil 1). Wählen Sie den entsprechenden Ordner aus (Pfeile 2 & 3). In der Übersicht sehen Sie die Miniaturansichten der Fotos. Wenn Sie die Miniaturansichten nicht sehen, klicken Sie auf diese Schaltfläche (Pfeil 4) und wählen Sie die Ansichtsform **Große Symbole**.

Suchen Sie sich ein Foto aus und doppelklicken Sie es. Wie Sie im folgenden Bild sehen, wird das Foto hinter die letzte Filmszene gehängt (Pfeil 1, folgende Seite) und wird zeitlich vom darunterliegenden Abspann überlagert (Pfeil 2, folgende Seite). Den Abspann können Sie einfach nach rechts, bündig an das Ende des Fotos schieben. Oder fügen Sie erst noch weitere Fotos hinzu. Ganz wie Sie möchten.

Von der Kamera auf die DVD mit Magix Video deluxe

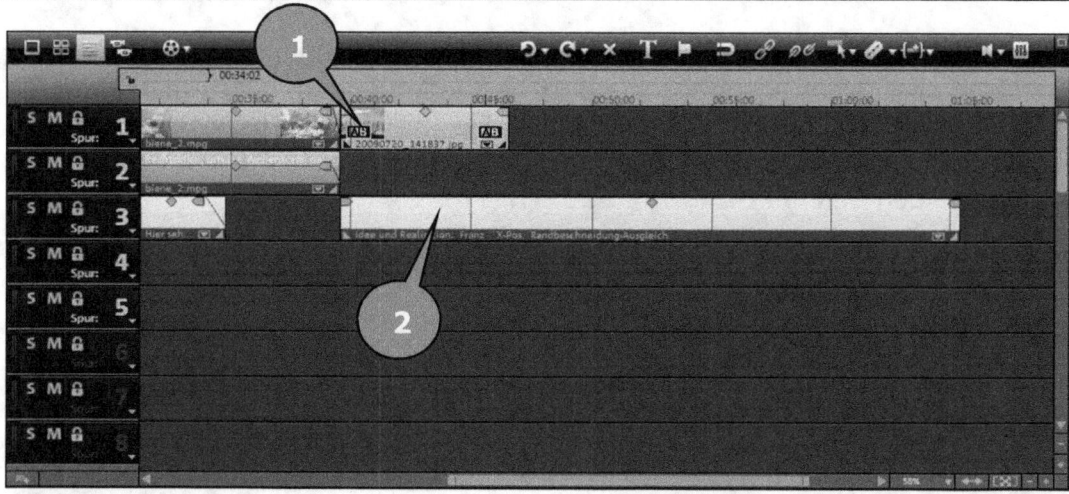

Wir überblenden unsere Fotos

Wie Sie sehen, war ich nicht untätig und habe insgesamt 12 Bilder hintereinander in den Film importiert (Pfeil 3). Um alle sehen zu können, habe ich den Zoom-Faktor der Timeline angepasst. Diesmal habe ich das aber nicht mit der rechten Maustaste auf der Zeitleiste gemacht, sondern ich habe rechts unten in der Ecke auf das Minus-Zeichen geklickt, bis der Ausschnitt auf der Timeline meinen Vorstellungen entsprach (Pfeil 4).

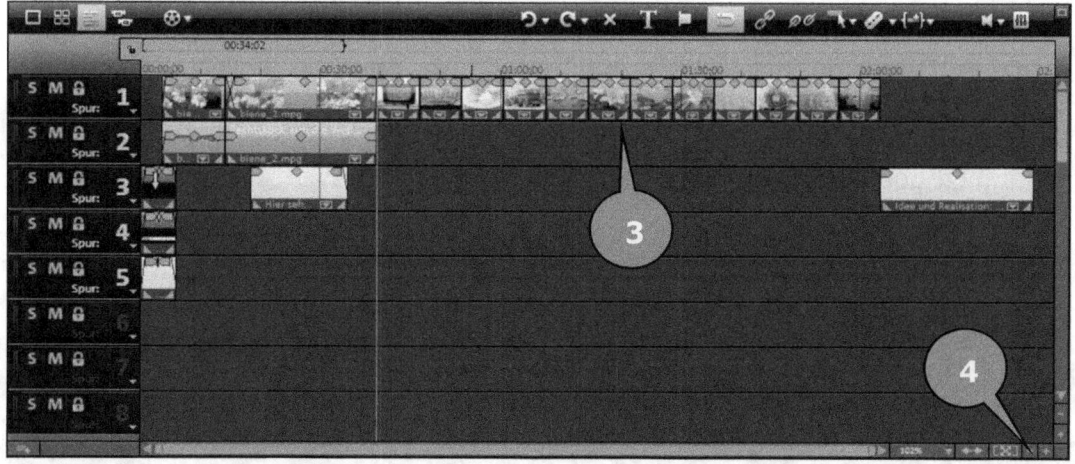

Die Standzeit der Fotos ist auf 7,00 Sekunden voreingestellt. Wenn man Überblendeffekte benutzt, ist diese Zeit vielleicht etwas kurz. Die Überblendungen brauchen ja unterschiedlich lange, bis sie abgeschlossen sind. Dann bleibt von den 7,00 Sekunden nicht mehr viel übrig. Im ersten Schritt werden wir nun die Standzeit aller Bilder nachträglich auf 10 Sekunden ändern. Dazu markieren Sie eines der Fotos durch Mausklick. Bleiben Sie mit dem Mauszeiger genau auf diesem Foto. Drücken Sie einmal kurz die rechte Maustaste. Wählen Sie aus dem Menü den Befehl **Fotolänge ändern** (Pfeil 1).

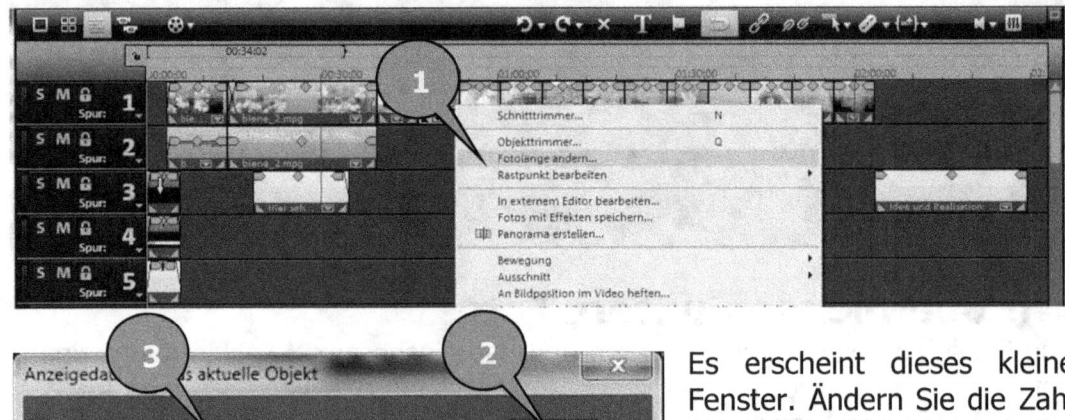

Es erscheint dieses kleine Fenster. Ändern Sie die Zahl (Pfeil 2) auf 00:10:00 s oder schieben Sie den Regler (Pfeil 3) soweit nach rechts, bis die Zeit auf 10 Sekunden steht. Wenn Sie jetzt einfach auf **OK** klicken würden, würde die Änderung nur für das markierte Foto übernommen. Das kann ja auch mal erwünscht sein. Aber wir wollen die Standzeit für alle Fotos gleichzeitig ändern und klicken auf die Schaltfläche **Auf alle anwenden** (Pfeil 4). In der folgenden Ansicht erkennt man sehr gut, dass die Fotos jetzt genau 10 Sekunden lang sind.

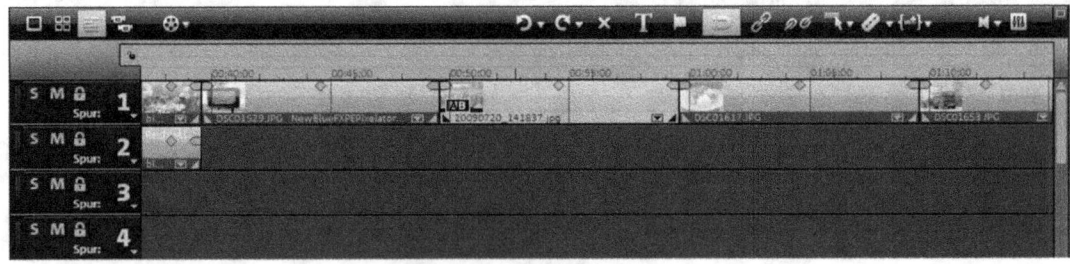

Klicken Sie nun auf die Registerkarte **Blenden**. Ziehen Sie jeweils eine Blende auf die Trennlinie zwischen zwei Fotos. Wie das geht haben Sie ja schon in den

Von der Kamera auf die DVD mit Magix Video deluxe

Kapiteln über die Blenden gelernt. Sie merken es wahrscheinlich schon: Bei Wiederholungen kaue ich Ihnen nicht mehr alles vor ☺.

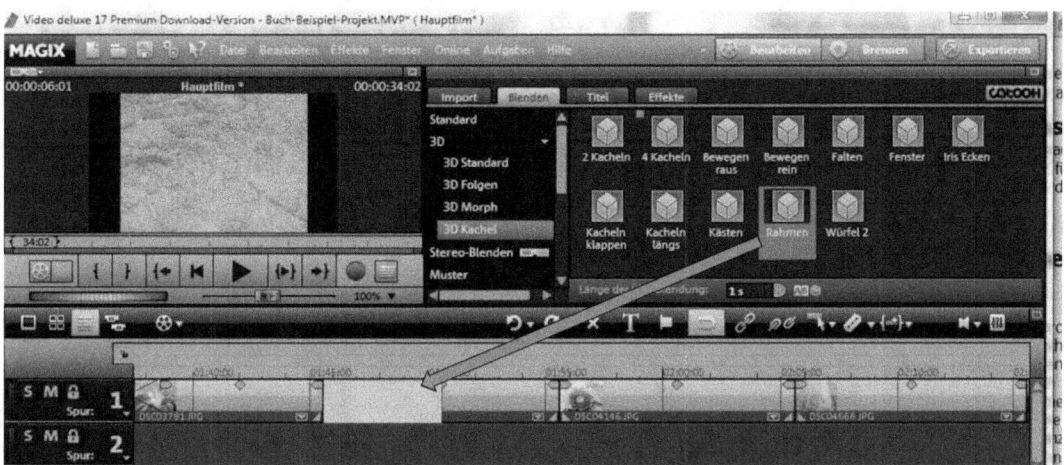

Im obigen Beispiel habe ich die Blende *Rahmen* auf eines der Fotos gezogen, aber die linke Maustaste noch nicht losgelassen. So kann man immer gut erkennen, wie lang so eine Blende ist. In diesem Fall ist sie ca. 5 Sekunden lang. Jetzt verstehen Sie vielleicht, was ich vorher damit meinte, dass 7 Sekunden Standzeit für ein Foto etwas kurz sein könnten. Wenn ich jetzt auf das nächste Foto eine Blende lege, knappst die hinten noch was von der Zeit ab. Am Ende habe ich dann nur noch zwei ineinander übergehende Übergänge. Das wäre ja irgendwie blöd. Um das zu ändern, sehen wir uns die Übergänge mal aus der Nähe an. Jede Blende erzeugt ein dünnes Diagonalkreuz, das an einer Stelle in einem Anfasser endet (Pfeil 1). Diesen Anfasser können Sie wieder etwas nach links verschieben. Das hat zur Folge, dass die Blende wesentlich schneller abläuft.

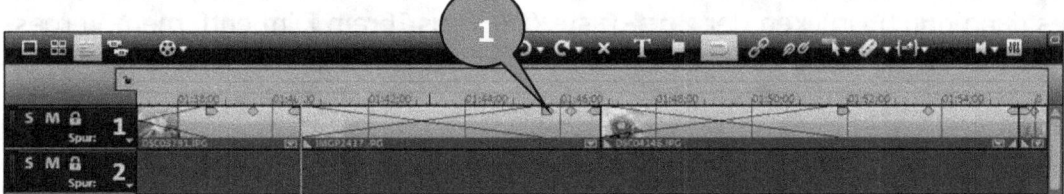

Von der Kamera auf die DVD mit Magix Video deluxe

Wie Sie hier erkennen können, habe ich die Blendenzeit für die beiden nebeneinander liegenden Fotos auf ca. 3 Sekunden gekürzt.

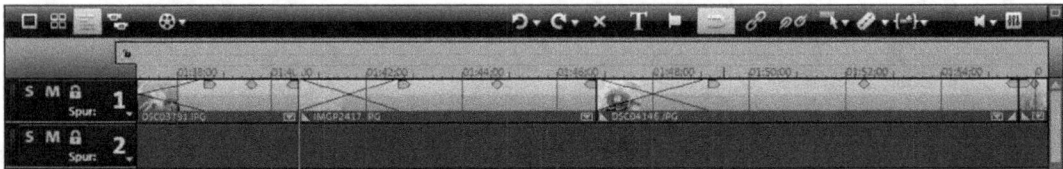

Bei längeren Dia-Shows kann man ja schon mal vergessen, welche Fotos man schon verwendet hat ☺. Damit Sie keine ungewollten Dubletten einbauen, gibt Ihnen Magix Video deluxe eine kleine optische Hilfe. In der linken oberen Ecke eines jeden Fotos, das bereits verwendet wird, befindet sich ein kleines rotes Rechteck (Pfeil 1).

Fotos löschen

Wenn Sie ein Foto aus einem Ihrer Filme oder aus einer Dia-Show löschen möchten, müssen Sie es nur durch einfachen Mausklick markieren und können es dann durch Drücken der **Entf**-Taste (Del) aus Ihrem Film entfernen. Vergessen Sie nicht die so entstandene Lücke zu schließen! Wenn links oder rechts an die Lücke ein Foto angrenzt, können Sie einfach die Standzeit des entsprechenden Fotos durch ziehen des oberen Pfeils am Objekt verlängern. Sind dort aber Video-Szenen oder Sie möchten das vielleicht auch nicht, müssen Sie die Lücke von rechts nach links schließen. Dazu lesen Sie sich bitt das Kapitel ***Szenen verschieben*** genau durch!

Wir machen den „Extras"-Film

Der Extras-Film soll nur aus Landschaftsaufnahmen bestehen. Der Film bekommt einen Titel, eine Texteinblendung für die Ortsnamen und später noch eine nette Hintergrundmusik. Natürlich werden alle Fotos mit tollen Überblendeffekten versehen.

Dazu müssen wir zunächst einmal in den „richtigen" Film wechseln. Klicken Sie dazu auf dieses Symbol (Pfeil 1) und wählen Sie aus dem sich öffnenden Menü den Film **Extras** (Pfeil 2) aus.

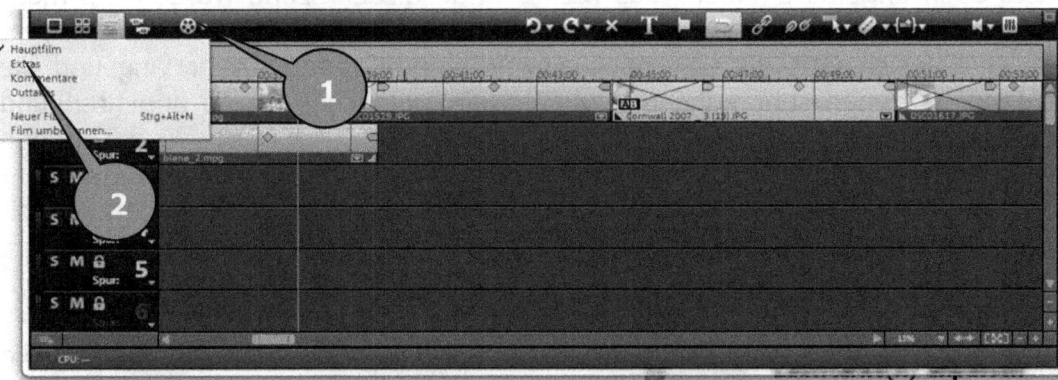

Schon sind Sie in dem, jetzt noch leeren, Film **Extras**. In wenigen Schritten machen Sie Ihre **Extras** fertig. OK. Der Sound kommt später ☺. Um die Fotos an ihren Platz in der Dia-Show zu bekommen, benötigen Sie nur Fähigkeiten, die Sie bereits aus dem Buch kennen.

1. Importieren Sie alle Fotos mit Landschaften in der gewünschten Reihenfolge.
2. Ändern Sie Standzeit der Fotos auf 12 Sekunden.
3. Fügen Sie einen Titel vor den Fotos ein.
4. Fügen Sie einen Titel als Abspann nach dem letzten Foto ein.
5. Fügen Sie Überblendeffekte an allen Schnittstellen ein. Passen Sie bei Bedarf die Länge der Überblendungen an.
6. Fügen Sie Ortsnamen als Untertitel ein.

Alles halb so wild, oder?

Szenen verschieben

Bevor Sie im nächsten Kapitel dazu aufgefordert werden mehr Szenen in Ihren Film zu machen, sollten Sie sich dieses Kapitel hier genau durchlesen und das was hier steht auch verinnerlichen. Wenn Sie einen Film machen und Sie verwenden dort viele Blenden, dann ist das wunderbar. Wenn Ihnen aber kurz vor Schluss noch einfällt, dass Sie irgendwo am Anfang noch eine Szene einfügen wollen, dann würden Sie vielleicht in Versuchung kommen, die Szene, die jetzt im Weg ist, einfach nach rechts zu verschieben, um eine Lücke für die neue Szene zu schaffen. Dabei würden Sie aber nicht den ganzen Film rechts von der Lücke verschieben, sondern nur die Szene, die Sie mit gedrückter linker Maustaste auch angefasst haben. Das rechte Ende dieser Szene würden Sie möglicherweise über eine Blende hinweg in eine nachfolgende Szene verschieben. Stellen Sie sich jetzt vor, die noch einzufügende Szene ist sehr lang und die folgenden Szenen sehr kurz. Sie würden ein ziemliches Chaos anrichten und Ihre ganze schöne Arbeit wäre für die Katz gewesen. Bei Diashows z.B. haben Sie dann plötzlich nur noch jede Menge sehr langer Kreuzblenden ☺. Den Fehler habe ich auch einige Male gemacht, bis sich das richtige Vorgehen bei mir eingeprägt hatte. Um diesen Fehler zu vermeiden gehen Sie folgendermaßen vor.

Ziehen Sie sich die Szene, die Sie einfügen möchten, mit gedrückter linker Maustaste aus dem Importfenster zunächst einmal in eine freie Spur unter die Stelle im Film, wo die Szene später hin soll.

Von der Kamera auf die DVD mit Magix Video deluxe

Verkleinern Sie die Ansicht der Timeline, in dem Sie auf das kleine Minus-Symbol rechts unten in der Ecke klicken (Pfeil 1), bis Sie das Ende des Films in der Timeline sehen können.

Markieren Sie nun die erste Szene, die verschoben werden soll mit einem Mausklick. In diesem Beispiel ist das das Foto mit dem Navigationssystem. Durch das Anklicken wird die Szene orange eingefärbt (Pfeil 2).

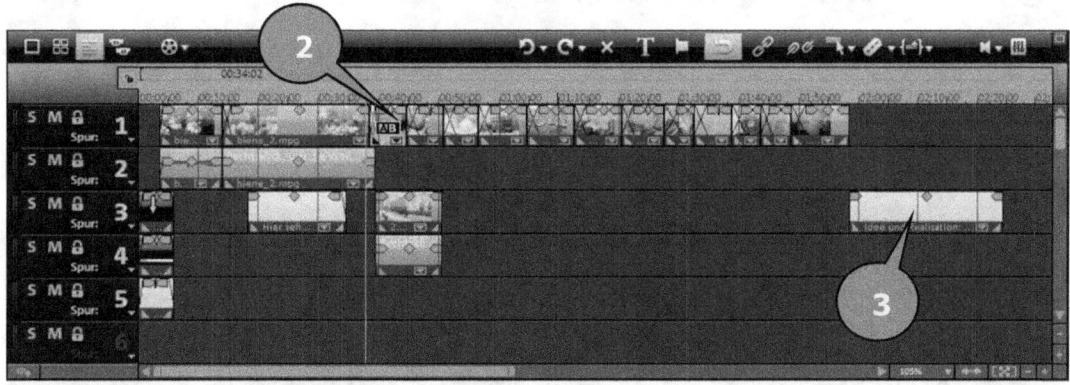

Halten Sie jetzt die **Großschreibtaste** (Shifttaste) auf Ihrer Tastatur gedrückt und klicken Sie die letzte Szene im Film einmal an. In diesem Beispiel ist das der Abspann (Pfeil 3).

Das bewirkt, dass zwischen dem ersten und zweiten Klick alle Szenen markiert werden. Dummerweise aber auch die Szene, die wir noch einfügen wollen (Pfeil 1).

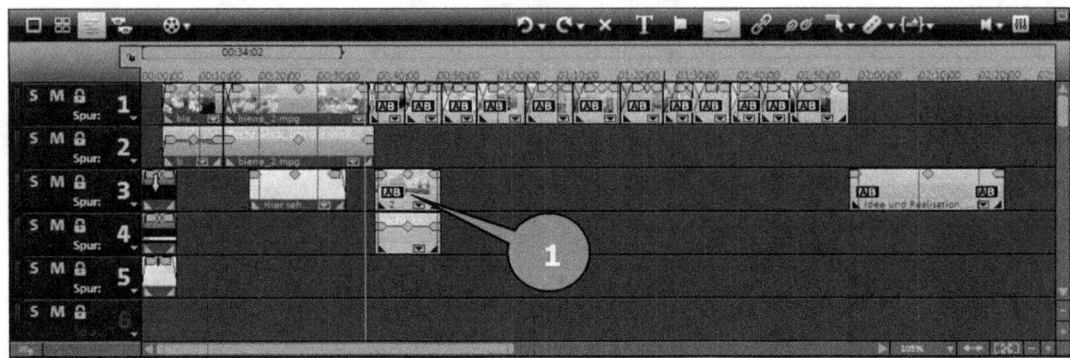

Das können Sie aber leicht ändern. Halten Sie auf Ihrer Tastatur jetzt nur die **Strg**-Taste (Ctrl-Taste) gedrückt und klicken Sie die einzufügende Szene einmal an. Das hebt die Markierung nur für diese eine Szene wieder auf, wie Sie im folgenden Bild sehen können (Pfeil 2).

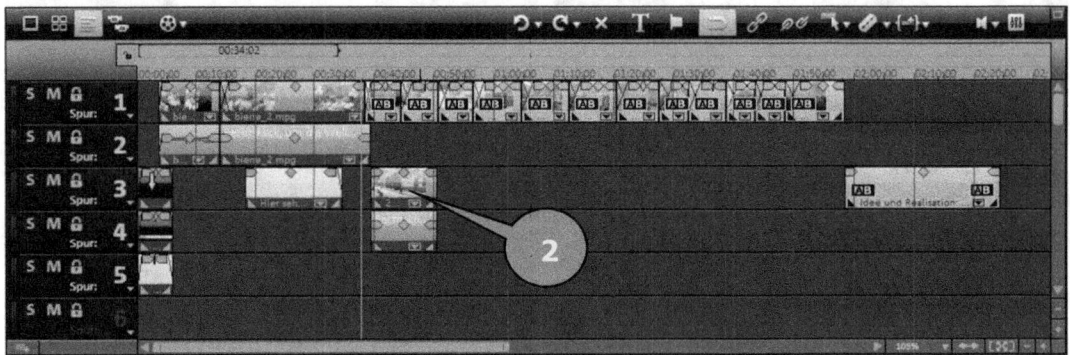

Bewegen Sie den Mauszeiger auf eine der noch markierten Szenen. Auf welche ist völlig egal. Halten Sie die linke Maustaste gedrückt und schieben Sie die markierten Szenen so weit nach rechts, bis die entstehende Lücke groß genug für die neue Szene ist (Pfeil 1, folgende Seite). Wenn die Lücke etwas größer ist als benötigt, ist das nicht schlimm. Wir passen das gleich noch genau an.

Von der Kamera auf die DVD mit Magix Video deluxe

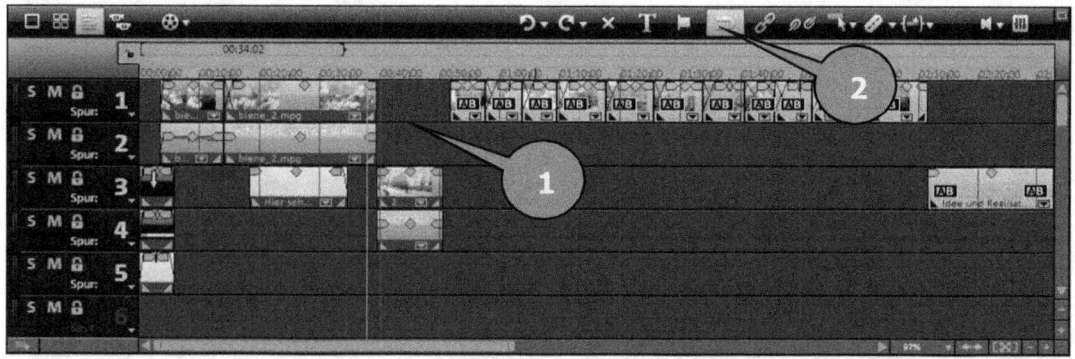

Schieben Sie nun die neue Szene mit gedrückter linker Maustaste in die Lücke. Die Szene rastet regelrecht ein, wenn Sie darauf achten, dass das Magnetsymbol aktiviert ist (Pfeil 2). Wie Sie im folgenden Bild sehen, habe ich die neue Szene an die vorhergehende Szene genau eingerastet. Dahinter ist aber eine kleine Lücke entstanden (Pfeil 3). Die gilt es jetzt zu schließen.

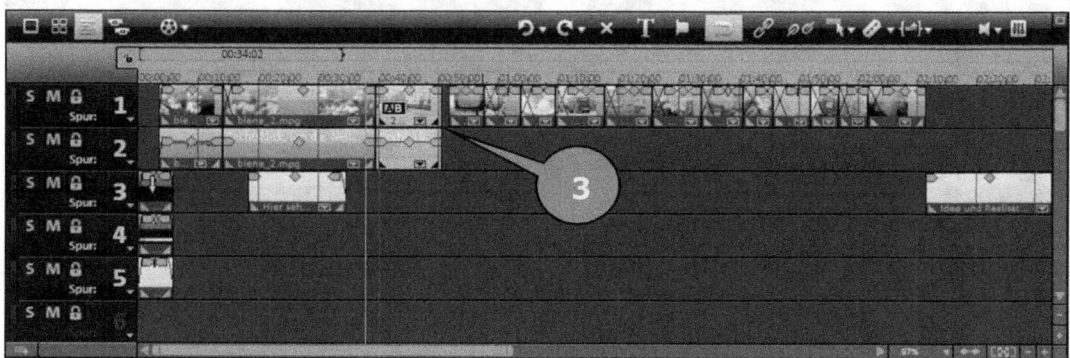

Dazu markieren Sie erneut durch einfachen Mausklick die erste zu verschiebende Szene (Wieder ist es die mit dem Navigationssystem), halten die Großschreibtaste (Shifttaste) gedrückt und klicken die letzte Szene (Abspann) einmal an. Wieder werden dadurch alle Szenen zwischen dem ersten und zweiten Mausklick gleichzeitig markiert.

Von der Kamera auf die DVD mit Magix Video deluxe

Bewegen Sie nun den Mauszeiger auf eine der markierten Szenen, halten die linke Maustaste gedrückt und schieben die markierten Szenen an die neue Szene heran, bis die Lücke geschlossen ist.

Mit etwas Übung ist das schnell erledigt.

Achten Sie beim Anklicken und Verschieben immer darauf, dass Sie nicht irgendwelche Anfassermarken innerhalb der Szene treffen. Auch nicht die AB-Schaltfläche. Sie können immer dann klicken und verschieben, wenn der Mauszeiger sich zu einer leicht gekrümmten Hand verändert.

Manchmal trifft man besser, wenn man die Szenen auf der Timeline größer darstellt. Die Skalierung der Timeline können Sie mit den **+** und **-** Tasten in der rechten unteren Ecke verändern (Pfeil 1).

Von der Kamera auf die DVD mit Magix Video deluxe

Unter Umständen kann es noch einfacher gehen. Gehen wir mal davon aus, dass die Szenen, aus diesem Beispiel, ab dem Navigationssystem bis hin zum Abspann, so gut geschnitten sind, dass Sie sagen, daran wollen Sie nichts mehr ändern. Dann würde es sich anbieten, diese Szenen zunächst zu gruppieren. Die Gruppierung verhindert darüber hinaus auch die versehentliche Veränderung von fertigen Filmbereichen! Gehen wir noch mal zur Ausgangslage zurück. Sie haben eine neue Szene an die Stelle gezogen, wo sie später hin soll (Pfeil 1).

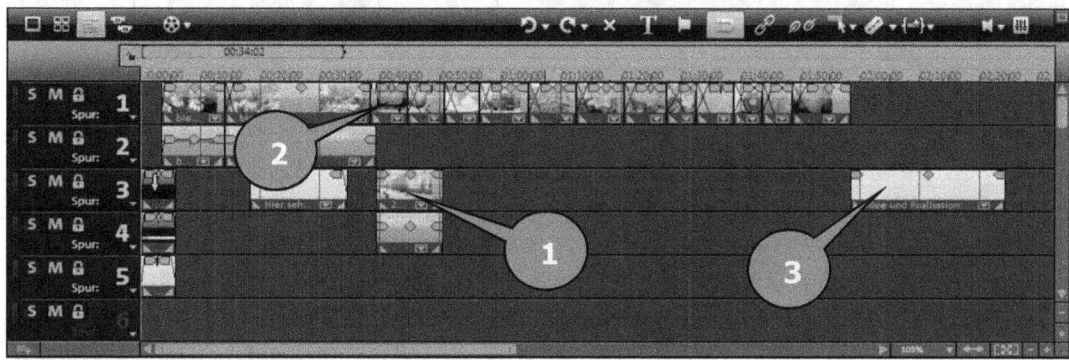

Klicken Sie nun die erste Szene an, die Sie gruppieren wollen. Wieder ist es die mit dem Navigationssystem (Pfeil 2). Halten Sie die Großschreibtaste (Shifttaste) gedrückt und klicken Sie die letzte Szene, nämlich den Abspann (Pfeil 3) einmal an.

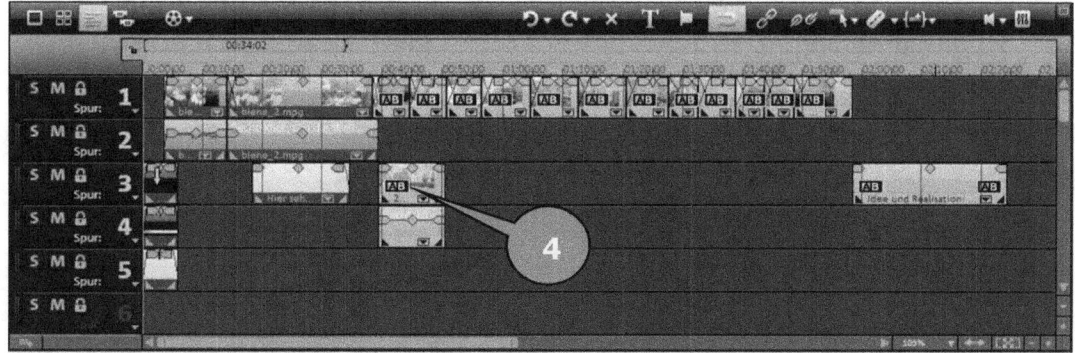

Wieder werden alle Szenen zwischen diesen beiden Klicks markiert. Dummerweise aber auch wieder die Szene, die wir einfügen wollen (Pfeil 4). Also halten Sie erneut die **Strg**-Taste (Ctrl-Taste) gedrückt und klicken Sie die neue Szene einmal an, um deren Markierung wieder aufzuheben (Pfeil 1, folgende Seite).

Von der Kamera auf die DVD mit Magix Video deluxe

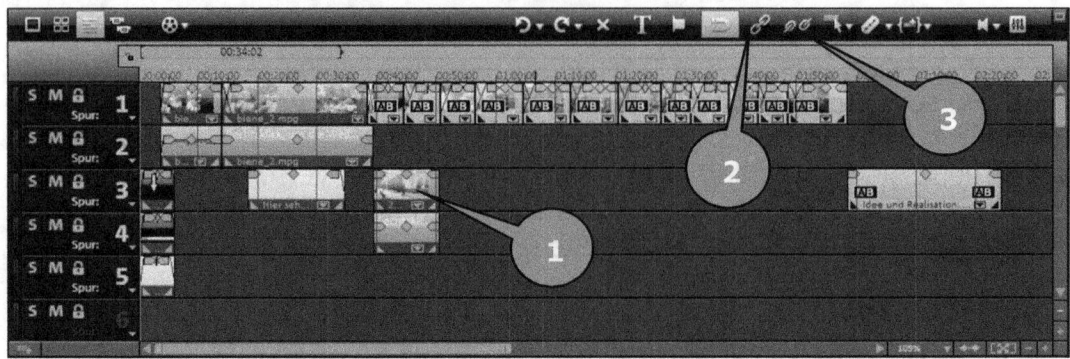

Klicken Sie nun auf das Symbol **Gruppierung** . Es sieht aus, wie eine Kette aus mehreren Gliedern (Pfeil 2). Das bewirkt, dass die vielen markierten Szenen ab jetzt wie eine einzige Szene behandelt werden. Jedes Mal, wenn Sie ab jetzt eine der gruppierten Szenen anklicken, werden alle Elemente dieser Gruppe auf einmal markiert. So können Sie diese Gruppe ganz einfach überall hin bewegen. Wenn Sie irgendwann doch einmal etwas an den gruppierten Szenen ändern wollen, müssen Sie diese nur durch Mausklick markieren und

das Symbol **Gruppierung lösen** einmal anklicken (Pfeil 3). Dies löst die Gruppe wieder in alle Einzelszenen auf.

Dieses Verschiebe- und Gruppierungsfunktionen werden Sie wahrscheinlich sehr häufig benötigen, wenn Sie Szenen aneinander gereiht haben und dann erst mit den Schnitten anfangen. Es schadet also nichts, dass ein wenig zu üben.

Von der Kamera auf die DVD mit Magix Video deluxe

Wir machen mehr Szenen in unseren Film

Ich muss gestehen, dass es mir schwer gefallen ist, Ihnen ausschließlich Video-Clips zum Download bereit zu stellen, die immer irgendwo verwackelt und unscharf sind und deren Originalton oft unbrauchbar ist. Aber Sie sollen ja die Möglichkeit haben, dass in diesem Buch gelernte, zu trainieren, um die nötige Sicherheit zu bekommen, ehe Sie sich an den eigenen Filmen versuchen. Wie Sie im Downloadbereich sehen, habe ich Ihnen eine ganze Menge kurzer Clips, die thematisch sortiert sind, bereitgestellt. Es steht Ihnen frei, wie viele Sie davon verwenden möchten. Natürlich können Sie auch eigenes Filmmaterial verwenden. Macht bestimmt auch mehr Spaß. Aber für den Moment tun wir mal alle so, als würden wir nur meine Clips verwenden.

Wie Sie oben sehen, habe ich eine Menge Szenen eingefügt. Sie sind alle unterschiedlich lang. Und gemeinerweise sind sie auch nicht zugeschnitten ☺. Sie werden also eine Menge Arbeit haben, unscharfe, sinnlose oder einfach zu lange Szenen zurecht zu schneiden. Machen Sie sich ans Werk. Fangen Sie links, also am Anfang des Films an. Sehen Sie sich Szene für Szene an. Schneiden Sie immer direkt alles raus, was Ihnen nicht gefällt. Schieben Sie die Szenen von rechts immer an die linke Lücke ran, um diese zu schließen. Machen Sie nach dem Fertigstellen der Schnitte Überblendeffekte oder andere Effekte und Titel nach eigenem Ermessen in den Film. An der Timeline können Sie erkennen, dass es zurzeit ca. 14 Minuten, noch nahezu unbearbeiteten, Film sind (Pfeil 1). Mal sehen, was nach dem Schneiden so übrig bleibt. Ich habe für unseren Beispielfilm ca. 10 Minuten übrig gelassen, obwohl ich meine, dass einige Szenen noch zu lang sind.

Überflüssige Szenen schnell löschen

Vor allem bei längeren Szenen bewährt sich eine Funktion von Magix Video deluxe, wenn Sie Bereiche aus dieser Szene entfernen möchten. Das Programm verfügt nämlich über eine Szenenerkennung. Jedes Mal, wenn sich in der Szene etwas ändert, schneidet Magix Video deluxe an dieser Stelle. So können Sie prima den überflüssigen Kram aus Ihrer Szene entfernen. Und so geht's:

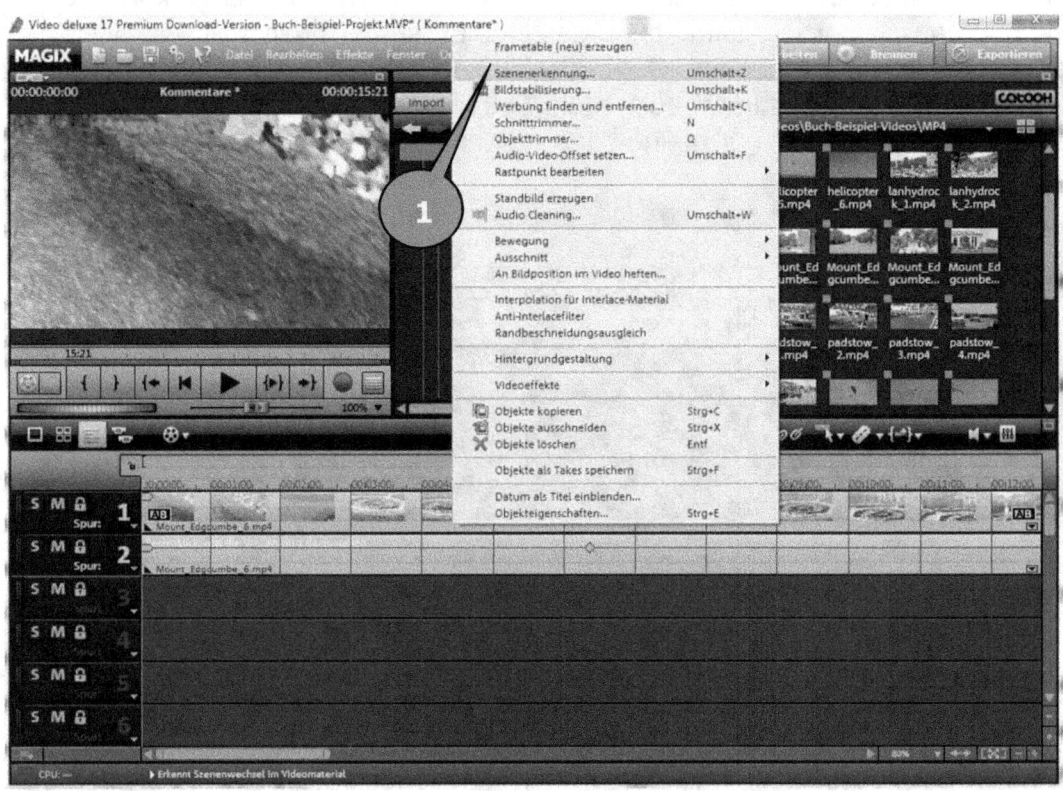

In der Timeline ist die Szene markiert (*Mount_Edgcumbe_6.mp4*), die ich gerne automatisch geschnitten hätte. Machen Sie einen Rechtsklick mit der Maus, während sich der Mauszeiger auf der markierten Szene befindet. Wählen Sie aus dem sich öffnenden Kontextmenü den Befehl **Szenenerkennung** (Pfeil 1).

Von der Kamera auf die DVD mit Magix Video deluxe

Dieses Fenster öffnet sich. Klicken Sie auf die Schaltfläche **Start** (Pfeil 1). Im Bereich **Szenenkontrolle** (Pfeil 2) zeigt Ihnen das Programm alle gefunden Szenenwechsel an. Diese können Sie auch durch Mausklick anwählen, um Sie in der Vorschau sehen zu können. Ist Ihnen das Ergebnis nicht gut genug, können Sie auch den **Empfindlichkeit**-Regler (Pfeil 3) verschieben. Ob das Ergebnis besser oder schlechter wird, kann ich leider auch nicht vorhersagen. Probieren Sie es einfach aus. In unserem Beispiel sehen Sie, dass die Szenenerkennung zwei Szenen erkannt hat. Achten Sie darauf, dass das Häkchen bei **An allen Markern schneiden** aktiviert ist (Pfeil 4). Klicken Sie jetzt auf die Schaltfläche **OK** (Pfeil 5).

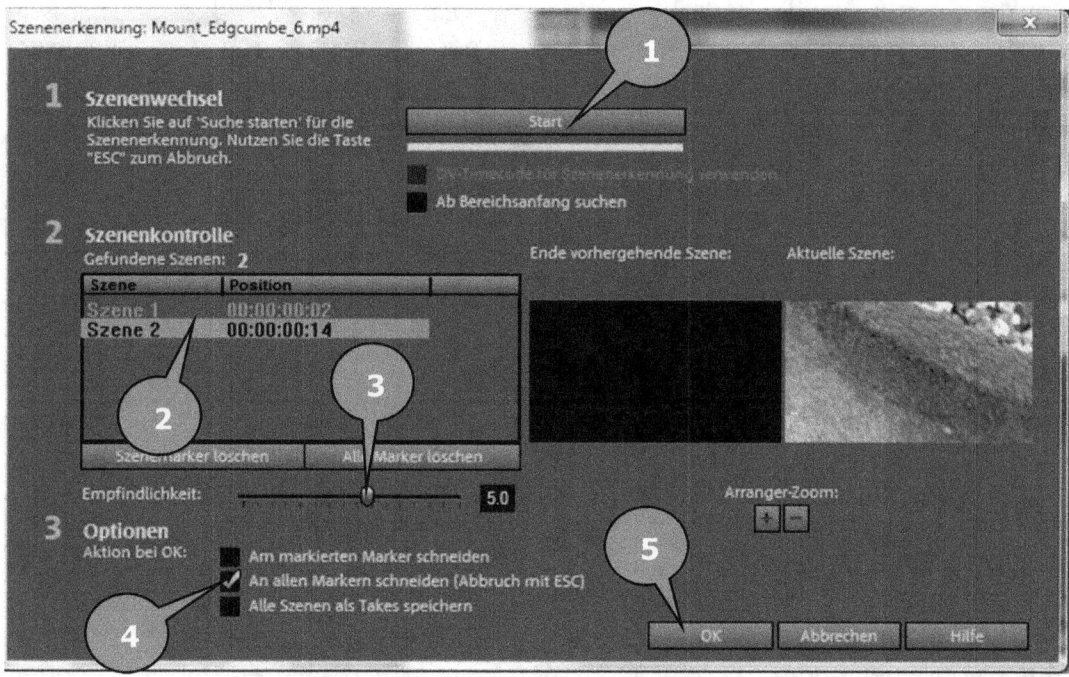

Schon sehen Sie das Ergebnis in der Timeline. Die Szene wurde in zwei Teile geschnitten. So kann ich den unerwünschten Teil markieren und löschen. Schneller und leichter geht's kaum noch.

Nachvertonung

Jeder der schon einmal im Kino war weiß, dass man mit Geräuschen und Musik einen Spannungsbogen erzeugen kann, wie es selbst Bilder oft nicht können. Geräusche und/oder Musik sollten deshalb immer gut ausgewählt sein und zum Filmmaterial oder der Geschichte, die ein Film erzählt, passen. Für mich war Walt Disney in diesem Fach einfach der Beste. Sehen und hören Sie sich mal *Bambi* an. Dann wissen Sie, was ich meine. Die Lieder waren schon fertig. Aber die ganze Dramaturgie der Musik wurde erst nach Fertigstellung des Films komponiert. Manche Szene aus Bambi braucht nur drei Noten um den Zuschauer zu fesseln. Musik muss nicht immer überschwänglich und orchestral sein. Denken Sie nur mal die bedrohlichen Szenen aus dem Film *Der Weisse Hai*. Nun werden die Wenigsten von uns geniale Komponisten sein. Ich persönlich verstehe im Grunde gar nichts von Musik. Aber ich kann beurteilen, ob mir etwas gefällt oder nicht und ob etwas stimmig ist oder nicht. Da ich keine Ahnung von Musik habe, nehme ich mir immer viel Zeit zur Auswahl der passenden Musik für eine Szene oder einen Film.

In meinen eigenen Videos ist der Originalton meist ziemlich unbrauchbar. Das liegt daran, dass ich ein Spontanfilmer bin und nicht, wie bei der klassischen Film- und Fernsehproduktion, alles bis ins kleinste durchorganisiert ist. Bei mir plappert halt auch mal einer dazwischen oder es sind plötzlich Geräusche da, die man lieber nicht in seinem Film gehabt hätte. Es ist nichts vorbereitet und ich filme einfach, was mir in dem Moment interessant erscheint.

Lizenzfragen (Rechtliches)

Bevor wir damit beginnen Musik, Geräusche und Kommentare in unserem Film zu platzieren, möchte ich Sie an dieser Stelle auf Lizenzfragen hinsichtlich der Verwendung von Musik in Ihren eigenen Filmproduktionen hinweisen. In den meisten Fällen ist es nicht gestattet, ohne Genehmigung der Rechteinhaber, Musik von einer Audio-CD oder aus einem Film zu extrahieren und in irgendeiner anderen Form weiter zu verarbeiten. Wenn Sie auf solche Musik zurückgreifen wollen und evtl. auch eine öffentliche Vorführung planen, müssen Sie Kontakt zum jeweiligen Plattenverlag oder dem Komponisten und der GEMA aufnehmen und einen Lizenzvertrag aushandeln. Das wird auf jeden Fall Geld kosten. Das ist ein langer, steiniger und wahrscheinlich auch für das Privatbudget viel zu teurer Weg. Deshalb rate ich Ihnen da zu einer anderen Lösung. Das Internet ist voll von Seiten, auf denen Sie Musik und Geräusche GEMA- und Lizenzkostenfrei herunterladen oder für kleines Geld kaufen können. Die teuersten Songs, die ich je gekauft habe, lagen bei US$ 30,-- und waren nicht nur wirklich professionell gemacht, sondern durften dann auch kommerziell und nicht kommerziell eingesetzt werden. Wenn Sie GEMA- und lizenzfreie Musik für private, also nicht kommerzielle Zwecke suchen, kann ich Ihnen auch die Soundpool-DVDs von Magix ans Herz legen. Nein, für diesen Ausflug in die Werbung werde ich nicht gesponsert ☺. Ich habe auch einige dieser Soundpool DVDs gekauft und bin davon ziemlich angetan. Da ist für jeden Zweck und Geschmack was dabei. In einige dieser Tonträger können Sie auf *www.magix.de* übrigens rein hören. Wenn Sie Musik benötigen, die Sie auch kommerziell nutzen wollen, kann ich Ihnen aber nur raten entweder Lizenzen zu erwerben oder selber zu komponieren. Sollte man Sie bei der nicht lizenzierten Verwendung von Musik erwischen, kann ich Ihnen versprechen, dass das sehr, sehr teuer für Sie wird. Gönnen Sie den Musikern ihre Tantiemen. Oder würde es Ihnen gefallen, wenn jemand Ihre selbstgemachte DVD verkauft, ohne Ihnen etwas dafür abzugeben? Kommen wir zum selber komponieren. Wenn Sie, genau wie ich, nicht einmal Noten lesen können und auch keine Instrument spielen können, kann ich Ihnen das Programm Music Maker von Magix empfehlen. Seufz. Schon wieder Werbung! Ich arrangiere damit meine gesamte Musik für meine eigenen DVDs. Das geht schnell und komfortabel und was am Wichtigsten ist: Man benötigt keinerlei Musikkenntnisse. Wenn Sie mit dem Magix Music Maker Musik erstellen, dann haben Sie auch die Rechte daran. Sie benutzen das Programm sozusagen als Musikinstrument. Noch ein kleiner Tipp dazu: Ich exportiere meine Filme ins AVI-Format um Sie dann im Magix Music Maker zu importieren. So kann ich jedes Instrument genau auf die Szenen abstimmen. Das ist kinderleicht und die Ergebnisse sind bombastisch. Nein. Ich habe keinen heißen Draht zu Magix ☺. Bisher kennen die mich nur als Kunden!

Musik

Eine musikalische Untermalung des Films sollte zur Stimmung oder zur Geschichte des Films passen. In der Regel wird man ganze Musikstücke unter den Film legen oder evtl. auch nur bestimmte Sequenzen aus einem Musikstück. Sequenzen aus einem Musikstück werden Sie jetzt vielleicht fragen? Oh ja. Jede Form von Ton lässt sich nämlich genauso einfach und präzise schneiden, wie Ihr Filmmaterial. Sie können Musik in den verschiedensten Formaten in den Film importieren. Sie können z.B. das WAV-Format oder besser noch das MP3-Format verwenden. MP3-Dateien haben gegenüber WAV-Dateien den Vorteil, je nach Kompressionsrate nur noch etwa 10% der Größe zu haben.

Von der Kamera auf die DVD mit Magix Video deluxe

Kommentare

Wenn Sie Kommentare aufsprechen wollen, tun Sie das. Erklärungen zum Film sind nicht verkehrt ☺. Vermeiden Sie dabei einen Roman zu sprechen. Das schläfert sonst Ihre Zuschauer ein. Kurze prägnante Sätze reichen völlig aus. Lassen Sie die Bilder ruhig mehr sprechen als sich selbst. Um Kommentare aufzusprechen benötigen Sie ein Mikrofon, dass bei Magix Video deluxe zwingend an dem Mikrofoneingang der Soundkarte Ihres PCs angeschlossen werden muss. Viele WebCams haben ja ein eingebautes Mikrofon. Damit funktioniert die Tonaufnahme nicht. Der Unterschied zum herkömmlichen Mikrofon ist, dass das Mikrofon der WebCam über eine USB-Schnittstelle kommt.

Geräusche

Geräusche sind meist kurzer Natur und können die Bildwirkung verstärken. Denken Sie nur an knarrende Türen oder Schrittgeräusche. Es gibt aber auch längere Geräuschsequenzen, die ein ganzes Stimmungsbild wiedergeben. Ich denke dabei z.B. an Strand- oder Bahnhofsszenen. Die Original-Geräuschkulisse einer Strandszene aus dem letzten Urlaub war so furchtbar, dass ich sie gegen eine komplette Geräuschkulisse von einer Geräusche CD ausgetauscht habe. Außer mir hat das keiner gemerkt ☺.

Lautstärke(n) anpassen

Wenn man mehrere Tonspuren verwenden möchte, sollte man auch jede einzelne Tonspur in der Lautstärke anpassen können. Wenn Sie das nicht könnten, müssten Sie bei aufgesprochenen Kommentaren immer gegen die Hintergrundmusik anschreien ☺. Die Gesamtlautstärke einer jeden Tonspur lässt sich über den mittleren Anfasser in der Tonspur einstellen (Pfeil 1). Bewegen Sie den Mauszeiger genau darauf, halten Sie die linke Maustaste gedrückt und bewegen Sie die Maus rauf oder runter. Eine Bewegung nach unten senkt die Lautstärke, eine Bewegung nach oben hebt die Lautstärke an.

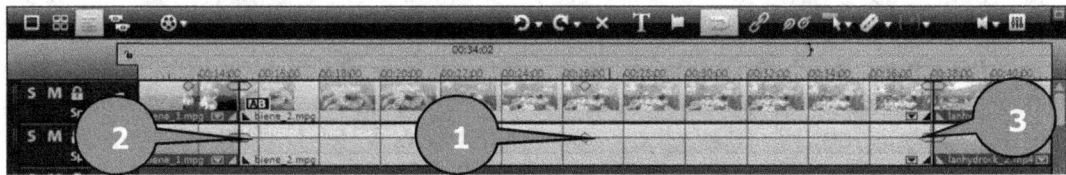

Die beiden Anfasser an den Enden der Tonspur (Pfeile 2 & 3, vorherige Seite) dienen dazu die Tonspur weich ein- bzw. auszublenden. Je weiter Sie den Anfasser in die Tonspur schieben, desto länger dauert das Blenden. Man spricht in diesem Zusammenhang auch gerne vom „Faden".

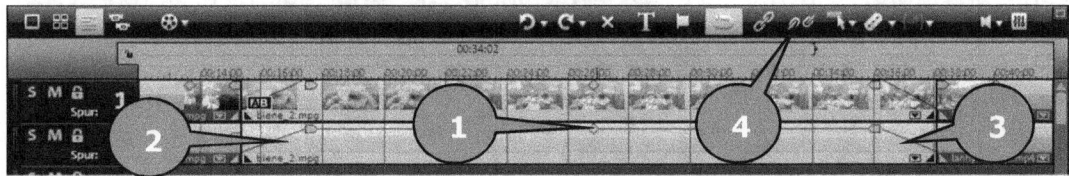

Im oberen Beispiel sehen Sie, dass die Lautstärke deutlich angehoben wurde (Pfeil 1) und jeweils ca. 2 Sekunden ein- (Pfeil 2) und ausgeblendet (Pfeil 3) wird. Wenn Sie genau hinsehen, wird jetzt nicht nur die Tonspur ein- und ausgeblendet, sondern auch die darüberliegende Videospur. Das wollen wir so aber garnicht! Da es sich um die Originaltonspur handelt, ist sie beim Import mit der Videospur gruppiert. Diese Gruppierung heben Sie nun auf. Markieren Sie dazu die gewünschte Szene und klicken Sie anschließend auf das **Gruppierung lösen** Symbol, die zerbrochene Kette (Pfeil 4). Wie Sie sehen, können die Anfasser an den Enden der Ton- und Videospur nun getrennt verschoben werden.

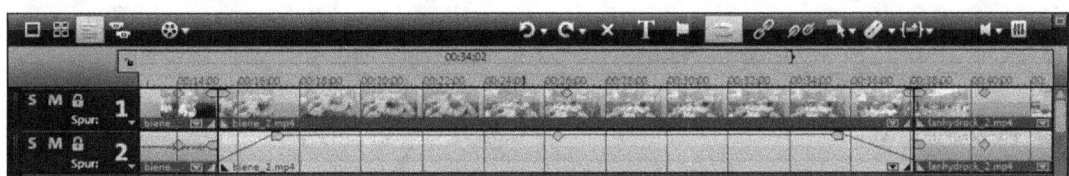

Die Tonspur lässt sich jetzt auch ganz alleine markieren. Beim Verschieben von Szenen müssen Sie dann natürlich darauf achten, dass Sie Ton- und Videospur gleichzeitig markieren, wenn sie zusammen verschoben werden sollen. Oder Sie gruppieren Sie vorher wieder.

Wellenform anzeigen

In der Grundeinstellung sehen Sie nur eine gerade Linie als Anzeige für die Lautstärke Ihrer Tonspur. Oft reicht das völlig aus. Aber halt nicht immer. Diese

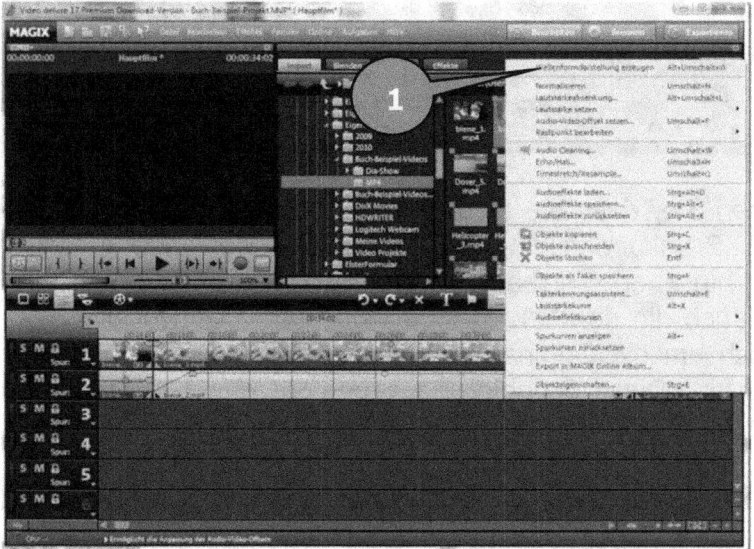

Linie sagt natürlich nicht das Geringste über die tatsächliche hörbare Lautstärke aus. An Ihrer Stereoanlage stellen Sie auch nur eine gewünschte Maximallautstärke ein. Was Sie dann wirklich hören ist abhängig von dem, was die CD so her gibt ☺. In der Tonspur können durchaus sehr laute und auch sehr leise Sequenzen sein. Um sich darüber einen schnellen Überblick zu verschaffen, gibt es eine Funktion in Magix Video deluxe. Machen Sie auf der Tonspur einen Rechtsklick mit der Maus und wählen Sie aus dem Kontextmenü den Befehl **Wellenformdarstellung erzeugen** (Pfeil 1).

Sofort berechnet das Programm den tatsächlichen Lautstärkeverlauf und stellt ihn in Wellenform dar. In dem nachfolgenden Bild sehen Sie, dass die Tonspur lediglich zwei lautere Stellen (Pfeile 2 & 3) hat und ansonsten eher leise ist.

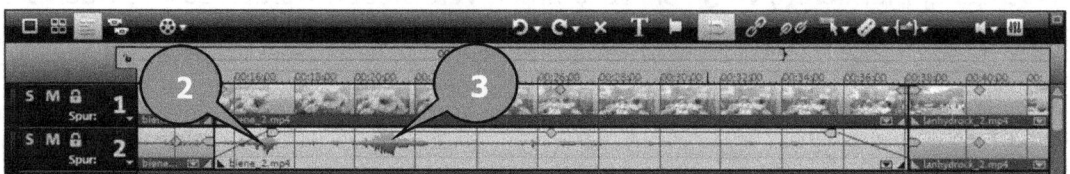

Die Wellenform ist auch dann ganz nützlich, wenn Sie den Anfang oder das Ende einer bestimmten Tonsequenz suchen, um diese z.B. herauszuschneiden.

Lautstärkekurven erzeugen

Manchmal reicht die Anhebung oder Absenkung der Gesamtlautstärke einfach nicht aus. Vor allem dann, wenn Sie mit mehreren Tonspuren arbeiten. Das ist z.B. dann der Fall, wenn Sie den Originalton leise mitlaufen lassen wollen, dazu eine Hintergrundmusik haben, die lauter als der Originalton sein soll. Die Hintergrundmusik soll aber immer dann in der Lautstärke etwas abgesenkt werden, wenn Sie einen Kommentar sprechen. Klingt kompliziert? Ist es aber nicht! Mit Magix Video deluxe können Sie unglaublich flexible Lautstärkekurven erzeugen. Und das können Sie für jede einzelne Tonspur. Um die Lautstärkekurve anzuzeigen, machen Sie auf der Tonspur einen Rechtsklick und wählen aus dem Kontextmenü den Befehl **Lautstärkekurve** aus (Pfeil 1). Sofort erscheint eine dünne, grüne Linie in Ihrer Tonspur.

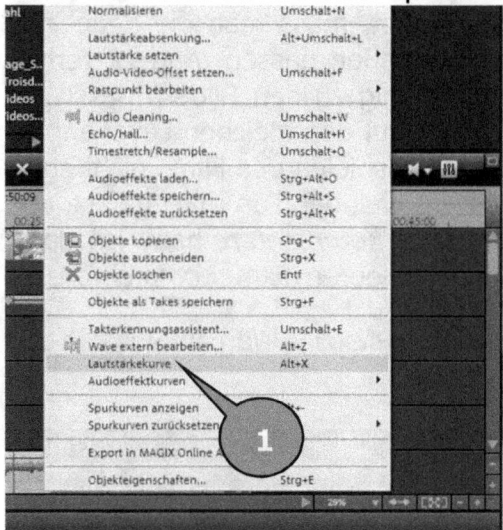

Ab jetzt müssen Sie ein scharfes Auge und einen ruhigen Zeigefinger haben. Jedes Mal, wenn Sie einen Linksklick auf der grünen Linie machen, erscheint ein kleiner Rastpunkt. Wenn Sie genug dieser Rastpunkte erzeugen, können Sie interessante Kurvenverläufe für die Lautstärke erzeugen. Im folgenden Beispiel habe ich eine Wellenform für die Lautstärke erzeugt. Je mehr Rastpunkte Sie erzeugen, desto präziser können solche Wellenverläufe gestaltet werden.

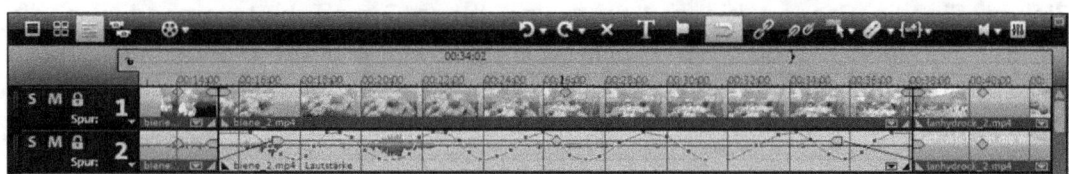

Eine Faustregel zur Lautstärkeanpassung

Wie Sie gesehen haben, habe ich die Lautstärke der einzelnen Spuren bisher immer „von Hand" angepasst. Ich mache das oft, wenn der Originalton eigentlich mitlaufen könnte, weil er harmonisch zu den Bildern passt, dann aber plötzlich jemand neben oder hinter mir etwas sehr laut sagt. Bei mir sind es, zumindest im Urlaub, oft meine Töchter. Sagen den ganzen Tag nichts, aber wenn Papa die Kamera vors Auge nimmt ... Sie kennen das vielleicht auch ☺. Wenn es solche, ich nenne sie mal Ausreißer im Ton gibt, muss man die Pegel halt von Hand so anpassen, sodass sie noch einigermaßen passen. Anders verhält es sich da schon, wenn der Originalton durchgängig zu den Bildern passt. Da könnte man die einzelnen Tonspuren auch immer auf den gleichen Level anpassen. Das hat nämlich den Vorteil, dass Sie beim Abspielen des Films nicht ständig die Lautstärke am Fernseher ändern müssen, weil der Ton mal zu leise und im nächsten Moment wieder zu laut ist. Den Film *Kommentare* habe ich dafür zur Demonstration vorgesehen. Um in den noch leeren Film *Kommentare* zu gelangen, klicken Sie auf dieses Symbol (Pfeil 1). Wählen Sie dort den Film **Kommentare**.

Ziehen Sie die Szenen biene_1.mp4 und biene_2.mp4 hintereinander in die Timeline. Ziehen Sie nun ein Musikstück Ihrer Wahl unter die beiden Spuren (Video- und Originalton). Sprechen Sie einen Kommentar über Ihr Mikrofon auf oder verwenden Sie eine fertige Kommentardatei und ziehen diese unter das Musikstück.

Von der Kamera auf die DVD mit Magix Video deluxe

Gehen wir für dieses Beispiel einmal davon aus, dass Sie für eine Szene drei verschiedene Tonspuren benutzen. Auf der ersten Spur haben Sie den Originalton der Szene, auf der zweiten Spur die Hintergrundmusik und in der dritten Spur sollen aufgesprochene Kommentare sein. Wenn man sich schon die Mühe macht, Kommentare zu sprechen, dann sollten die auch das Vordergrundgeräusch sein. Also lauter sein, als die anderen beiden Spuren. Um das zu bewerkstelligen, markieren Sie in der Szene zunächst die Tonspur mit den aufgesprochenen Kommentaren durch einen Linksklick. Machen Sie nun auf der markierten Spur einen Rechtsklick mit der Maus und wählen aus dem erscheinenden Menü den Befehl **Normalisieren** (Pfeil 1) per Linksklick aus. Wenn Sie genau hinsehen, wird Ihnen auffallen, dass die Lautstärkekurve dieser Spur ihre Höhe verändert. Entweder geht sie nach unten oder nach oben. Abhängig ist das davon, wie laut diese Spur vorher eingestellt war.

Von der Kamera auf die DVD mit Magix Video deluxe

Jetzt markieren Sie in dieser Szene die Spur mit den Originaltönen per Linksklick. Machen Sie nun auf der markierten Originaltonspur (hier Spur 2 in der Timeline) einen Rechtsklick mit der Maus und wählen Sie aus dem Kontextmenü den Befehl **Lautstärke setzen** (Pfeil 1). Darauf klappt ein weiteres Menü heraus, in dem Sie auf **-12 dB** anklicken (Pfeil 2).

Das Gleiche machen Sie jetzt noch mit der Musikspur in Spur 3 der Timeline. Danach sollte das etwa so aussehen.

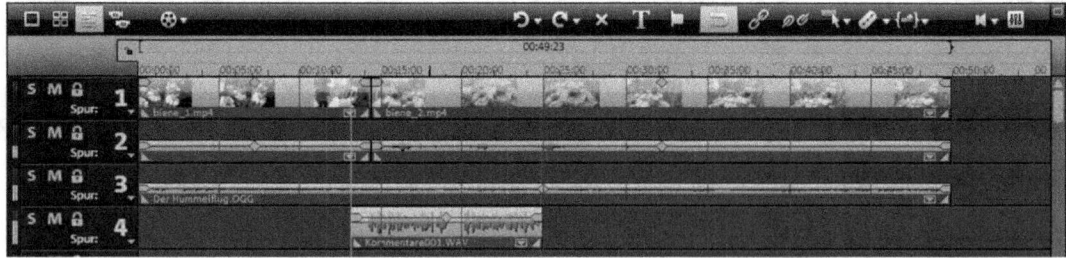

Der Kommentar in Spur 4 ist laut und die beiden anderen Audio-Spuren sind deutlich leiser. Dummerwiese sind die beiden Spuren jetzt aber überall leiser.

Von der Kamera auf die DVD mit Magix Video deluxe

Und nicht nur da, wo der Kommentar ist. Wir sagen jetzt einfach mal, dass der Originalton durchgängig leise bleiben soll, die Musik aber da, wo keine Kommentare sind, den gleichen Lautstärke-Pegel haben soll, wie sonst der Kommentar. Dazu müssen wir die Tonspur 3 vor und hinter den Grenzen des Kommentars schneiden. Setzen Sie den Abspielmarker an die entsprechende Stelle und klicken Sie dann einmal auf das Rasierklingensymbol. Im unteren Bild sehen Sie die beiden Schnitte (Pfeile 1 & 2).

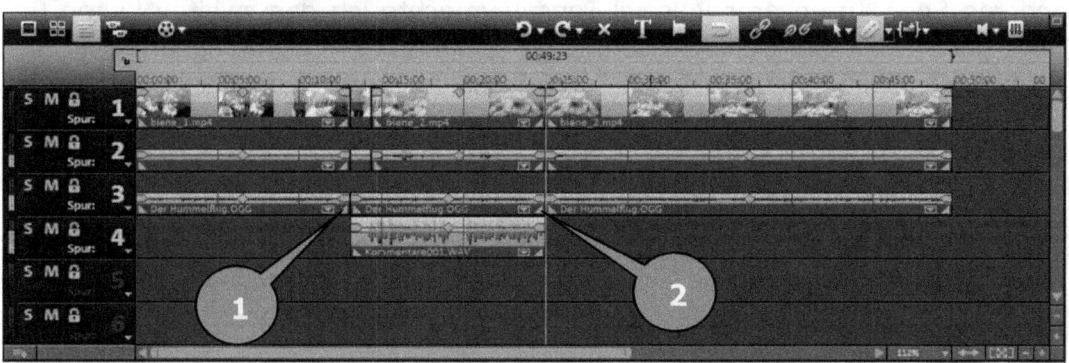

Markieren Sie das Soundstück in Spur drei, das vor dem ersten Schnitt ist. Bleiben Sie mit dem Mauszeiger genau auf dem markierten Bereich. Drücken Sie einmal kurz die rechte Maustaste und wählen Sie aus dem Kontextmenü den Befehl **Normalisieren**. Das Gleiche machen Sie auch noch mit dem Soundstück hinter der zweiten Schnittmarke. Jetzt sollte die Timeline etwa so aussehen.

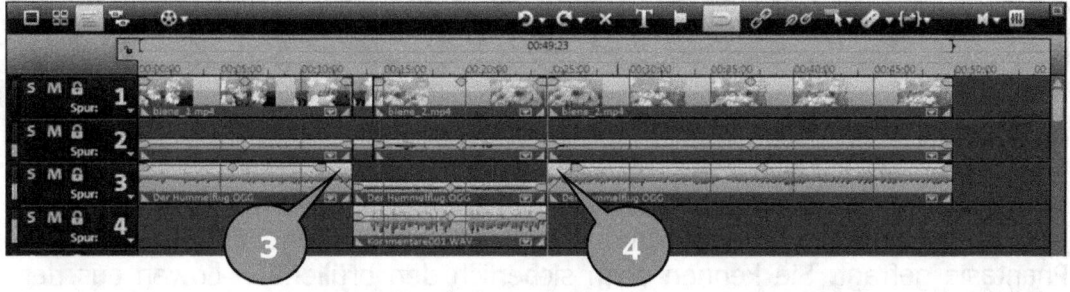

Sie sehen, dass die Lautstärke vor und nach dem Kommentar wieder deutlich angehoben ist. Damit der Übergang von laut nach leise nicht so abrupt erfolgt, können Sie das Musikstück vor dem Kommentar sanft ausblenden und nach dem Kommentar sanft einblenden. So wie es im Beispiel zu sehen ist (Pfeile 3 & 4).

Tonspuren schneiden

Eine Tonspur lässt sich genauso schneiden wie die Videospuren. Zu Anfang haben wir in diesem Buch-Beispiel-Projekt immer nur Bild- und Tonmaterial gemeinsam geschnitten. Da wir unsere Beispielszene schon aus der Gruppierung gelöst haben, zeige ich Ihnen einfach an diesem Beispiel, dass das Schneiden auch für eine Spur alleine geht. Ich zeige Ihnen das hier zwar auf einer Tonspur. Es funktioniert aber natürlich genauso auf jeder x-beliebigen anderen Spur. In unserer Beispiel-Tonspur möchte ich den zweiten lauten Bereich ganz rausschneiden. Da könnte ja jemand was gesagt haben, was niemand hören soll ☺. Dazu setze ich den Abspielmarker vor die Stelle, an der der laute Bereich anfängt (Pfeil 1). Anschließend klicke ich einmal auf die Rasierklinge (Pfeil 2). Sofort sehen Sie, dass die Tonspur in zwei Teile zerlegt ist.

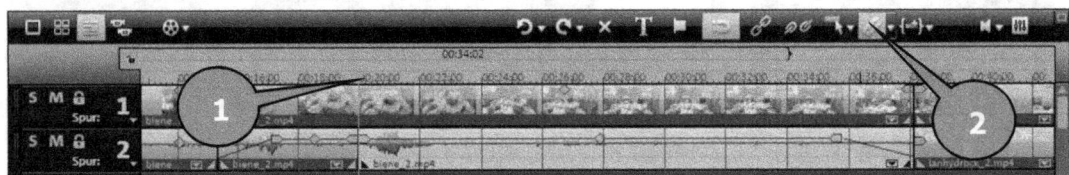

Das Wiederhole ich jetzt am Ende der lauten Sequenz und schon kann ich den Bereich löschen oder anderweitig verwenden (Pfeil 3).

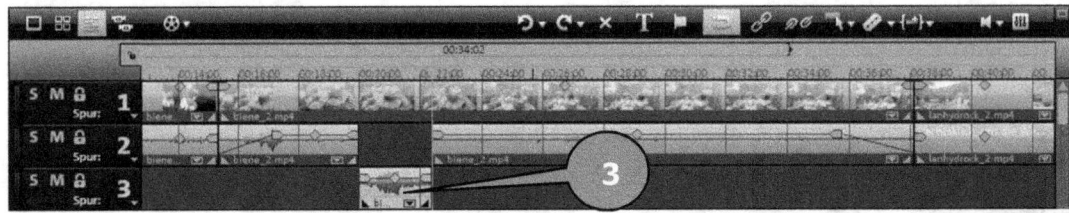

Anderweitig verwenden ist ein gutes Stichwort. Man kann dadurch natürlich auch Geräusche jeglicher Art extrahieren, die man an anderer Stelle wieder verwenden kann. So könnten Sie z.B. das Miauen einer Katze aus einer Szene heraus schneiden und einem Hund sozusagen ins Maul legen. Da ist nur etwas Phantasie gefragt. Sie kennen doch sicherlich den brüllenden Löwen aus dem MGM-Trailer. Bei *Youtube* finden Sie zahlreiche Beispiele, in denen der Löwe miaut.

Tonspuren ein- und ausblenden

Das Sie Tonspuren sanft ein- und ausblenden können, oder den kompletten Lautstärkeverlauf manipulieren können, haben Sie ja schon gelernt. Wenn man das Feintuning an einer Tonspur macht und immer wieder abhören muss, ob das jetzt gut klingt, kann es manchmal sehr störend sein, die anderen Tonspuren zu hören. Deshalb ist es recht nützlich, dass man jede Spur stummschalten kann. Diese Funktion benötigen Sie in unserem Buch-Beispiel-Projekt noch, um z.B. einen Kommentar genau zu platzieren. Um eine Tonspur stumm zu schalten (muten), klicken Sie einmal auf das kleine **M** vorne an der Spur (Pfeil 1).

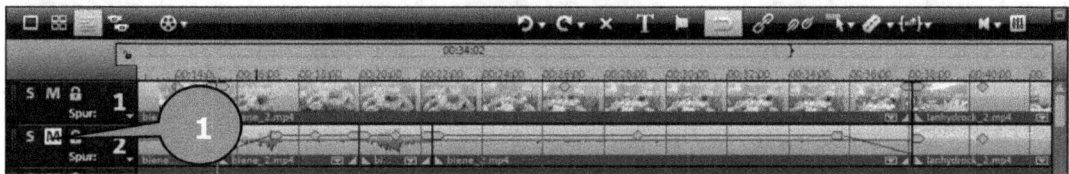

Wenn Sie sich jetzt die Szene in der Vorschau betrachten, werden Sie keinen Ton hören. Ein erneutes Kicken auf das kleine **M** schaltet die Tonspur wieder ein.

Tonspur verschieben

Wenn Sie die Original-Tonspur erst einmal aus der Gruppierung gelöst haben, können Sie diese Spur genauso verschieben, wie Sie es mit Videospuren machen. Sie bewegen den Mauszeiger irgendwo in die Tonspur, nur nicht da, wo irgendwelche Anfasser sind, halten die linke Maustaste gedrückt und schieben nur die Tonspur wohin Sie sie haben wollen. Nachträglich eingefügte Tonspuren, sofern Sie sie nicht gruppiert haben, lassen sich sowieso frei bewegen. Jetzt ist die Frage, warum das Verschieben der Tonspur interessant ist? Aus meiner Videoerfahrung kann ich Ihnen zwei Gründe nennen. Ich habe mal ein VHS-Band digitalisiert. Dabei war aus welchen Gründen auch immer, die Tonspur ca. 2 Sekunden verschoben. Es gab Stellen im Film, da war das sogar witzig ☺. Eine kleine Korrektur durch verschieben der O-Ton-Spur hat das Problem gelöst. Ähnliches erleben Sie ganz real, wenn Sie aus einiger Entfernung ein Feuerwerk filmen. Wenn man, sagen wir mal ca. 300m weit entfernt ist, kommen die Explosionsgeräusche erst nach ca. 1 Sekunde an der Kamera an. Dann ist oft schon keine Explosion am Himmel mehr zu sehen. Wenn man live beim Feuerwerk ist, stört das nicht einmal, weil wir uns darauf eingestellt haben. Wenn Sie sich das Filmmaterial zuhause ansehen, fehlt aber der räumliche Bezug. Deshalb verschiebe ich auch hier die O-Ton-Spur, bis die Explosionsgeräusche zu den Explosionsbildern passen.

Wir machen Musik in unseren Film

So. Kommen wir endlich dazu, ein Musikstück in unseren Film hinein zu bekommen. Klicken Sie auf die Registerkarte **Import** (Pfeil 1, folgende Seite). Wählen Sie den Ordner mit Ihrer Musik aus (Pfeil 2, folgende Seite). Ziehen Sie nun aus der rechten Spalte das Musikstück Ihrer Wahl (Pfeil 3, folgende Seite), mit gedrückter linker Maustaste, in einer freien Spur an die Stelle, ab der die Musik starten soll und lassen Sie dort die linke Maustaste los (Pfeil 4, folgende Seite). Während des Ziehens sehen Sie das Musikstück als grauen Balken. Das linke Ende des grauen Balkens ist der Anfang des Musikstückes. Das rechte Ende ist zugleich auch das Ende des Musikstücks. Je nachdem, wie Sie den Zoomfaktor der Timeline eingestellt haben, kann es sein, dass das Ende des Musikstücks außerhalb des sichtbaren Bereiches liegt. Das macht aber nichts. Wenn Sie die Timeline entlangfahren, werden Sie das Ende schon finden. Sie können dann auch gleich sehen, ob das Musikstück vielleicht zu lang für die Szene ist. Wie Sie im folgenden Bild sehen, habe ich bereits einige Sounds in den Film importiert. Auf einer der Magix Soundpool-CDs habe ich sogar den Hummelflug von Rimsky-Korsakov gefunden. Kann es eine passendere Musik zu unseren beiden Hummel-Szenen geben? Das Stück war allerdings etwas zu lang. Da bei mir in der nächsten Szene ein Kriegsschiff der Royal Navy durch das Bild fährt und ich der Meinung bin, dass der Hummelflug dazu überhaupt nicht passt, habe ich das Ende einfach abgeschnitten und lasse das Übrige in die Musik zur nächsten Szene einfach per Kreuzblende überblenden. Dazu habe ich das folgende Musikstück einfach ein Stück über das Ende des ersten Musikstücks geschoben. Sie erkennen das an dem dünnen Kreuz (Pfeil 5, folgende Seite). Wie Sie außerdem sehen, habe ich die Lautstärke des Originaltons in der Lautstärke stark abgesenkt (Pfeil 6, folgende Seite), weil er ziemlich unbrauchbar war. In der Soundpool-CD habe ich dann auch noch eine Geräuschkulisse für Häfen gefunden. Diese Geräuschkulisse habe ich auf die darüber liegende Spur gelegt (Pfeil 7, folgende Seite). Da Sie zu lang war und ich nur das Tuuten eines Nebelhorns haben wollte, habe ich die Geräuschkulisse zugeschnitten.

Im Kapitel *Downloads* finden Sie die Internetadressen zu einigen Musikstücken aus eigener Produktion, die ich für Sie bereitgestellt habe. Sie können natürlich auch andere Musik einsetzen. Ganz nach Ihrem eigenen Geschmack.

Von der Kamera auf die DVD mit Magix Video deluxe

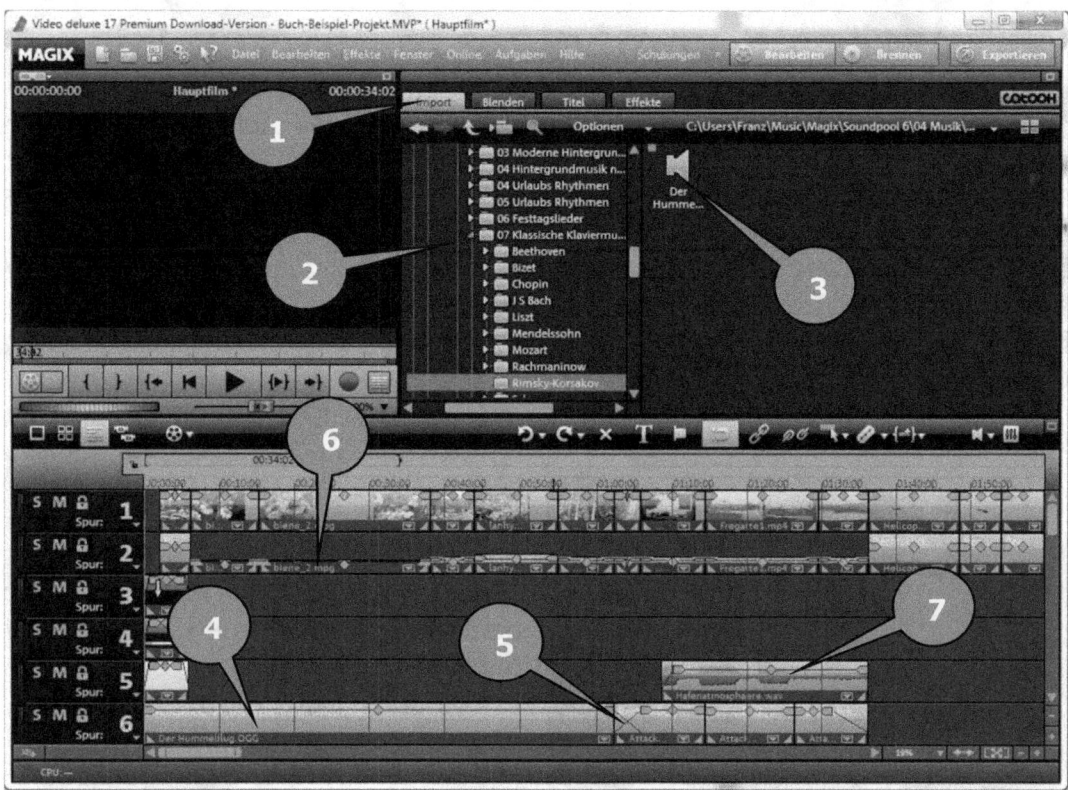

Wir machen Geräusche in unseren Film

Jetzt habe ich es ja schon vorweggenommen und ein Geräusch in den Film eingebaut. Das Tuuten eines Schiffes. Geräusche liegen meist in den gleichen Datei-Formaten vor, wie auch Musik-Dateien. Also im WAV- bzw. MP3-Format. Es gibt natürlich noch andere Formate. Diese werden aber kaum noch eingesetzt. Vor allem das MP3-Format hat sich überall durchgesetzt, da es sehr platzsparend ist. Wenn Sie also Geräusche auf Ihrem PC gespeichert haben und diese auch verwenden wollen, klicken Sie wie im oberen Bild beschrieben erst auf die Registerkarte **Import** (Pfeil 1), dann wählen Sie den richtigen Ordner aus (Pfeil 2) und ziehen anschließend das gewünschte Geräusch mit gedrückter linker Maustaste an die gewünschte Stelle im Film (Pfeil 7).

Im Downloadbereich (Siehe Kapitel *Downloads*) finden Sie auch eine Reihe von Geräuschen, die Sie für dieses Buch-Projekt benutzen können.

Wir machen Kommentare in unseren Film

Um einen Kommentar in einen Film zu bekommen haben Sie verschiedene Möglichkeiten. Sie können den Kommentar auf ein externes Aufnahmegerät, wie einen Cassetten-Recorder oder einen MP3-Player aufnehmen, die Datei dann auf den PC übertragen und über **Import** an die richtige Stelle des Films platzieren. Das geht dann genauso, als ob Sie ein Musikstück oder ein Geräusch in Ihren Film importieren. Besser, weil direkt in den Film ist es aber, wenn Sie ein Mikrofon an den Mikrofoneingang Ihres PC anschließen. Dann können Sie den Film in der Vorschau sehen und gleichzeitig ins Mikro sprechen. Gefällt Ihnen das nicht auf Anhieb, löschen Sie die Tonspur einfach wieder und machen es neu. Solange, bis es klappt und Sie damit zufrieden sind. Damit es nicht zu

akustischen Rückkopplungen kommt, sollten Sie entweder die Lautsprecher ausschalten oder einen Kopfhörer benutzen. Bei eingeschalteten Lautsprechern würde Ihr Mikrofon sonst den bereits vorhandenen Ton nochmal aufnehmen. Das so entstehende Rückkopplungspfeifen ist nicht sehr angenehm für unsere Ohren ☺. Setzen wir mal voraus, dass Sie ein Mikrofon angeschlossen haben. Klicken Sie nun auf das **Aufnahme**-Symbol unterhalb des Vorschaumonitors (Pfeil 1).

Das linke Fenster öffnet sich. Klicken Sie dort auf die Schaltfläche **Audio** (Pfeil 2).

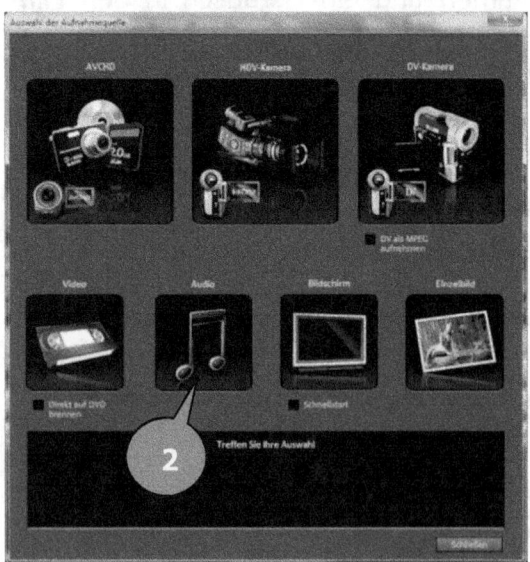

Von der Kamera auf die DVD mit Magix Video deluxe

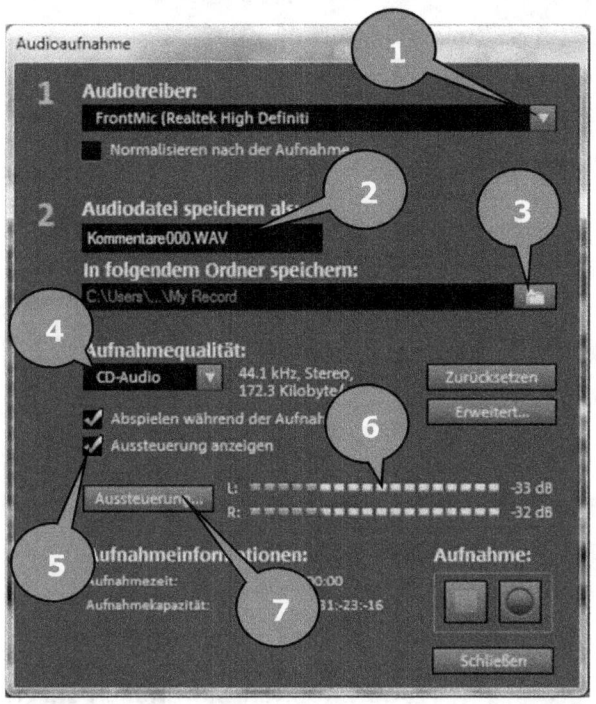

Ein weiteres Fenster öffnet sich. Überprüfen Sie hier zunächst, ob das richtige Mikrofon eingestellt ist. Sollten Sie mehrere Mikrofone verwenden, können Sie das Richtige über die Pfeiltaste (Pfeil 1) auswählen. Wählen Sie einen prägnanten Namen aus, unter dem der Kommentar gespeichert werden soll (Pfeil 2). Der vorgeschlagene Name, hier *Kommentare000.wav* macht es schwer, gespeicherte Kommentare später wieder zu finden ☺. Wenn Sie einen anderen Speicherort bevorzugen, als den Vorgeschlagenen, klicken Sie auf das Ordnersymbol (Pfeil 3) und wählen Sie den gewünschten Speicherort aus. Die Aufnahmequalität sollte CD-Audio sein (Pfeil 4). Setzen Sie durch Mausklick das Häkchen bei Aussteuerung anzeigen (Pfeil 5). So können Sie sofort sehen, ob der Lautstärkepegel Ihres Mikrofons nicht zu hoch oder zu niedrig ist. Sprechen Sie Ihren Text probehalber einmal und beobachten Sie dabei die beiden Aussteuerungspegel (Pfeil 6). Bei mir hat es sich bewährt, wenn der Pegel während des Sprechens bei mehr als 2/3 des Anzeigebalkens liegt. Das könnte theore-

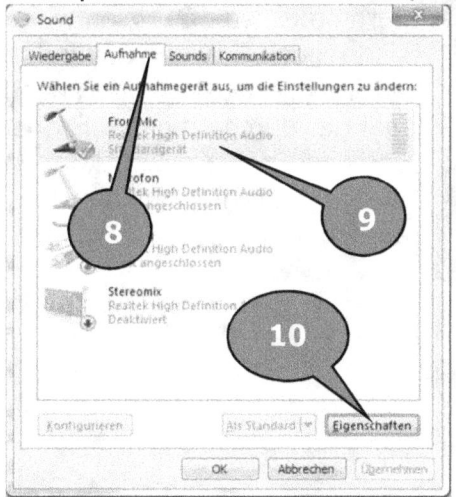

tisch, je nach verwendetem Mikrofon, bei Ihnen anders sein. Da hilft nur ausprobieren. Wenn der Pegel zu hoch oder zu niedrig ist, klicken Sie einmal auf die Schaltfläche Aussteuerung (Pfeil 7). Dieser Klick öffnet in der Windows-Systemsteuerung das Programm **Sounds**. Hier sehen Sie ein Beispiel für Windows 7. Bei anderen Windows-Versionen sieht das Fenster etwas anders aus, ist von der Funktion her aber ähnlich aufgebaut. Klicken Sie auf die Registerkarte **Aufnahme** (Pfeil 8), dann auf Ihr Mikrofon (hier *FrontMic*, Pfeil 9) und zum Schluss auf die Schaltfläche **Eigenschaften** (Pfeil 10).

Von der Kamera auf die DVD mit Magix Video deluxe

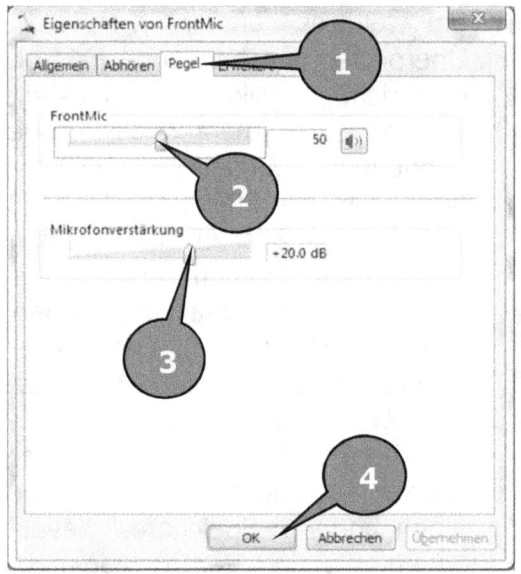

Das öffnet noch ein weiteres Fenster, in dem Sie die Aufnahme-Pegel für das Mikrofon einstellen können. Dazu klicken Sie auf die Registerkarte **Pegel** (Pfeil 1). Die beiden Schieberegler für **Lautstärke** (Pfeil 2) und **Mikrofonverstärkung** (Pfeil 3) können mit gedrückter linker Maustaste verschoben werden. Wenn Sie mit dem Ergebnis zufrieden sind, klicken Sie auf **OK** (Pfeil 4).

Schließen Sie auch das vorhergehende Fenster (Sounds) mit einem Klick auf die Schaltfläche **OK**.

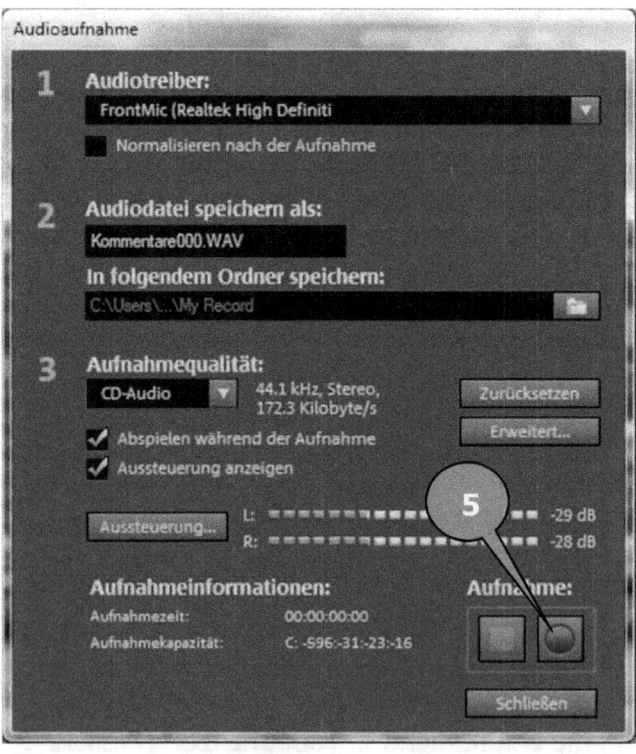

Jetzt können Sie endlich Ihren ersten Kommentar aufnehmen. Dazu klicken Sie auf die Schaltfläche **Aufnahme** (Pfeil 5). Die Aufnahme startet sofort. Das heißt jetzt nicht, dass Sie direkt drauf los plappern müssen ☺. Wenn Sie sich noch zwei Sekunden sammeln müssen, oder noch mal tief durchatmen wollen ist das kein Problem. Das können Sie ja hinterher wieder herausschneiden.

Von der Kamera auf die DVD mit Magix Video deluxe

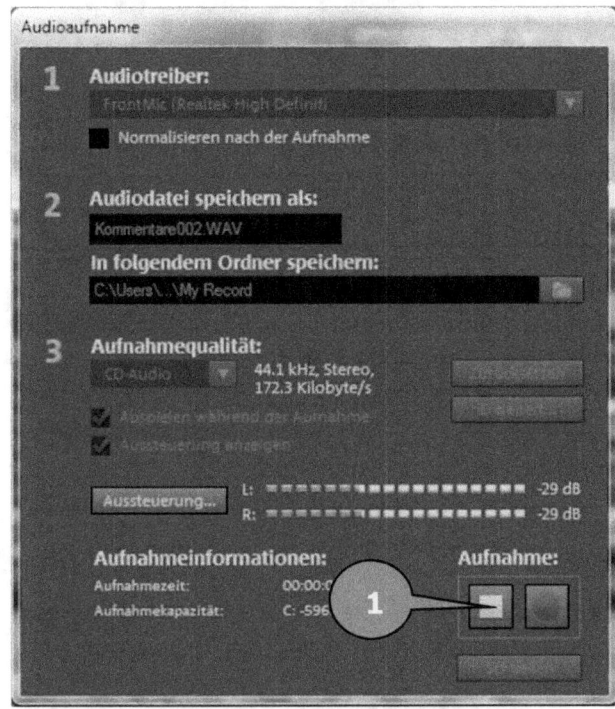

Haben Sie Ihren Text gesprochen, klicken Sie auf die **Stopp**-Taste (Pfeil 1). Die Aufnahme wird angehalten und dieses kleine Fenster erscheint.

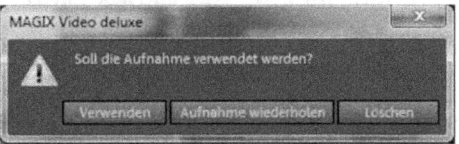

Haben Sie den Kommentar gut gesprochen? Dann klicken Sie auf die Schaltfläche **Verwenden**. Sind Sie nicht zufrieden, klicken Sie auf **Aufnahme wiederholen**. Wenn Sie auf die Schaltfläche **Löschen** klicken, wird Ihre Aufnahme verworfen.

Nehmen wir mal an, Sie waren mit sich selbst zufrieden und haben auf die Schaltfläche **Verwenden** geklickt. Daraufhin wird der Kommentar an die Stelle des Films gesetzt, an der der Abspielmarker steht. Uups. Was lernen wir daraus? Idealerweise sollte der Abspielmarker vorher positioniert werden ☺. Es macht aber nichts, wenn Sie das mal vergessen sollten oder die Position nicht ganz genau stimmt. Der Kommentar lässt sich auf der Timeline genauso verschieben, wie jedes andere Element.

Im unteren Beispiel sehen Sie drei kurze Kommentare (Pfeile 2-4).

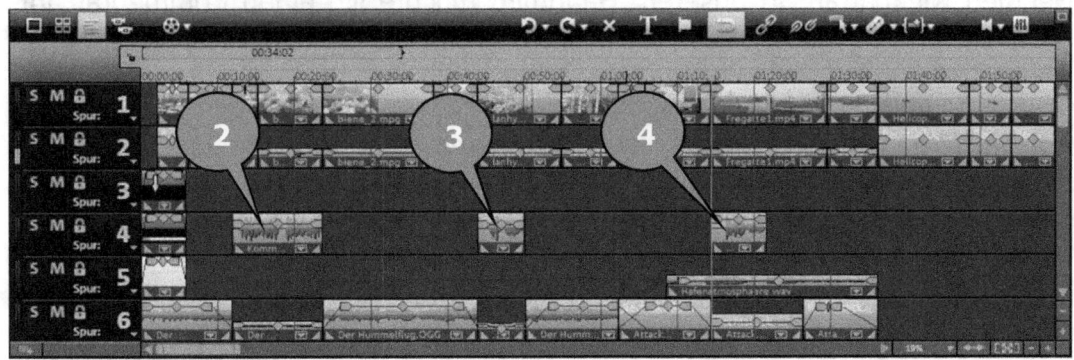

105

Wir machen verworfene Szenen in die Outtakes

Fast jede Kauf-DVD hat heute Ihre Outtakes. Selbst im Abspann von Kinofilmen, habe ich schon oft welche gesehen, wenn die Leute im Kino schon aufstehen. Mein persönliches Highlight bei den Outtakes ist der Trickfilm Toystory. Szenen die nichts geworden sind und die deshalb nicht den Weg in den eigentlichen Film gefunden haben nennt man Outtakes. Davon gibt es immer etwas. Vor allem, wenn man etwas Geplantes aufnehmen will. Irgendwas geht dabei immer schief. Bei dem Buch-Beispiel-Projekt waren es bei mir die Kommentare, die ich aufsprechen wollte. Ich hatte mal einen Knoten in der Zunge, dann habe ich falsch abgelesen und als ich fast schon dachte, ich hätte es geschafft, klingelte jemand an der Tür. Solche Szenen sind manchmal besser als der eigentliche Film. Wenn Sie auch mal solche Outtakes haben, gönnen Sie Ihren Zuschauern was ☺.

Im Downloadbereich (Kapitel **Downloads**) finden Sie auch ein paar Szenen, die ich als Outtakes gespeichert habe. Diese Outtakes muss man quasi machen. D.h. nicht, dass Sie diese vorsätzlich produzieren sollen, sondern Sie müssen den Film mit seinen Fehlern speichern und dann im Outtakes-Film wieder einfügen, zuschneiden, evtl. mit (anderen) Titeln und Effekten versehen. Das macht zwar nochmal Arbeit, lohnt sich aber meistens.

Simulieren wir also mal einen Outtake. Da ich meistens die Kommentare erst zum Schluss aufspreche und wegen möglicher Störgeräusche erst spät am Abend damit anfange (Anm. Ich habe kein Tonstudio!), sind die auch so meine Schwachstelle ☺. Ich verplappere mich halt manchmal.

Nehmen wir mal an, in unserem Hauptfilm möchte ich einen Kommentar aufsprechen und dabei verplappere ich mich gründlich. Diesen Versprechen finde ich aber so komisch, dass ich ihn als Outtake behalten möchte.

Auf der folgenden Seite sehen Sie einen Kommentar (Pfeil 1, folgende Seite), der gründlich misslungen ist. Man sieht es ihm gar nicht an ☺. Der Kommentar bezieht sich auf die beiden Szenen mit den Hummeln/Bienen.

Von der Kamera auf die DVD mit Magix Video deluxe

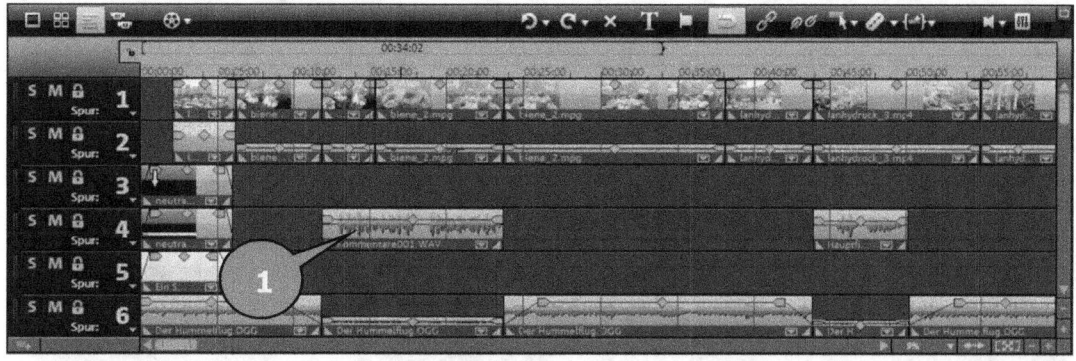

Diesen Kommentar wollen wir jetzt mit samt dem Video und sonstigem Audio-Material, das zu der Szene gehört kopieren und in den *Outtakes*-Film einfügen. Dazu müssen Sie jetzt alles nach und nach markieren, was kopiert werden soll. Dazu halten Sie zunächst einmal die **Strg**-Taste (Ctrl-Taste) Ihrer Tastatur gedrückt. Klicken Sie nun die erste Szene an, die kopiert werden soll. Dadurch wird diese Szene orange eingefärbt. Klicken Sie nun nach und nach jedes Element an, das kopiert werden soll, bis alle entsprechend orange eingefärbt sind. Etwa so, wie im unteren Bild.

Lassen Sie sich nicht davon beirren, dass in Spur 6 das Musikstück links über den Film hinausragt. Das schneiden Sie gleich einfach weg. Wenn alle Elemente Ihrer Wahl markiert sind, können Sie die **Strg**-Taste (Ctrl-Taste) loslassen.

Von der Kamera auf die DVD mit Magix Video deluxe

Bleiben Sie mit dem Mauszeiger auf irgendeinem der markierten Elemente. Machen Sie einen Rechtsklick mit der Maus und wählen Sie aus dem Kontextmenü den Befehl **Objekte kopieren** (Pfeil 1).

Wechseln Sie nun in den Film *Outtakes*. Wissen Sie noch wie das geht? Klicken Sie auf dieses Symbol und wählen Sie den entsprechenden Film.

Von der Kamera auf die DVD mit Magix Video deluxe

Setzen Sie nun im *Outtakes*-Film den Abspielmarker an die gewünschte Stelle. Halten Sie die **Strg**-Taste gedrückt und tippen dann einmal kurz auf die Taste **V**. Das fügt die zuvor markierten Elemente, ab der Position des Abspielmarkers, ein.

Wie Sie sehen, ist alles da. Um die überstehende Musik am Anfang abzuschneiden (Pfeil 1), Setzen Sie den Abspielmarker an den Anfang der Filmszene und klicken dann einmal auf die Rasierklinge. Das schneidet an dieser Stelle das Musikstück (Pfeil 2).

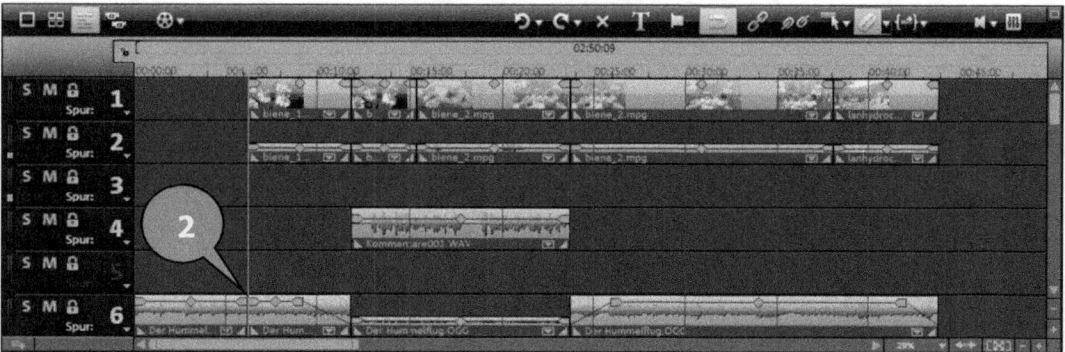

Jetzt können Sie das überstehende Stück Musik durch einfachen Mausklick markieren und mit einem Tipp auf die **Entf**-Taste Ihrer Tastatur löschen.

Fügen Sie nun nach Belieben Titel und Effekte ein. Sie können aber auch alles markieren und nach links verschieben, damit dort keine Lücke in der Timeline ist. Markieren können Sie wieder in Verbindung mit der **Strg**-Taste. Wenn alles markiert ist, bewegen Sie den Mauszeiger auf eines der markierten Elemente. Mit gedrückter linker Maustaste können Sie nun die komplette Szene nach links verschieben, bis die Lücke geschlossen ist.

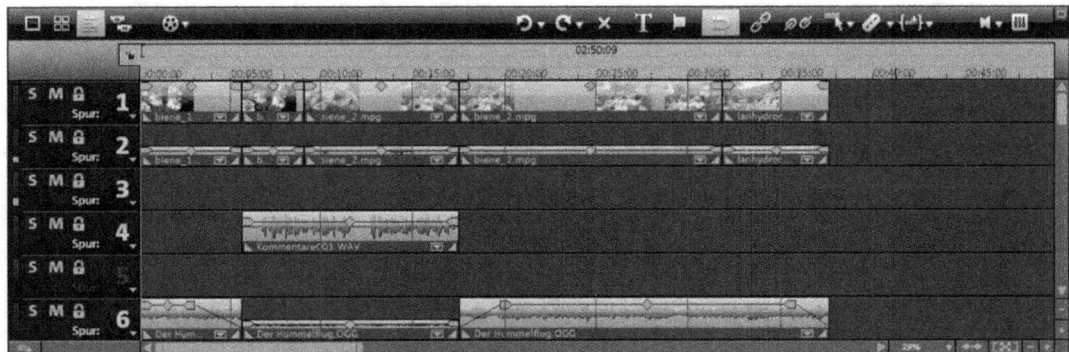

Weitere Szenen für die *Outtakes* hängen Sie einfach dahinter. Aber wie schon gesagt: Sie können auch Titel und Effekte einsetzen wenn Sie mögen.

Von der Kamera auf die DVD mit Magix Video deluxe

Der Film ist fertig ... aber!

Da atmet man mal tief durch, freut sich, dass man endlich den Film fertig hat, klickt auf die Schaltfläche **Brennen** um eine DVD zu brennen und dann das ...

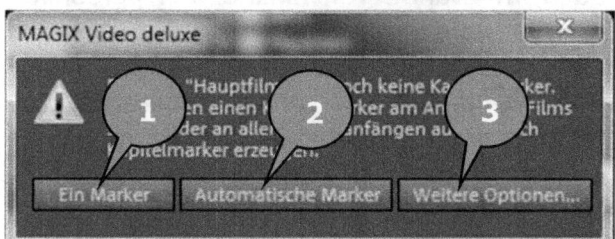

Sie müssen nämlich noch mindestens einen Kapitelmarker für Ihren Film setzen. Wozu fragen Sie? Das ist ganz einfach. Sie haben bei einer Kauf-DVD sicher schon mal gesehen, dass es eine Szenenübersicht gibt. Dort können Sie eine ganz bestimmte Szene auswählen und dann ansehen. Das gleiche machen die Kapitelmarker mit Ihrem Film. Das lohnt sich sicherlich nicht, wenn man nur einen zweiminütigen Film hat. Wenn Sie aber z.B. im Urlaub von Sehenswürdigkeit zu Sehenswürdigkeit gefahren sind, könnten Sie am Szenenanfang jeder Sehenswürdigkeit einen Kapitelmarker setzen und dann später auf der fertigen DVD diese Sehenswürdigkeit ganz gezielt auswählen und ansehen. Das nenne ich Komfort!

Kapitelmarker setzen

Grundsätzlich können Sie drei verschiedene Methoden anwenden um Kapitelmarker zu setzen.

1. Wenn Ihr Film nur kurz ist und es sich im Grunde nicht lohnt, für den Film eine Kapitelübersicht zu erstellen, dann klicken Sie einfach auf die Schaltfläche **Ein Marker** (Pfeil 1, oberes Bild).

2. Die Schaltfläche **Automatische Marker** (Pfeil 2) würde ich Ihnen aus eigener Erfahrung nicht empfehlen. Das Programm setzt dann nämlich an jedem Schnitt und möglicherweise auch bei Szenenwechseln jeweils einen Marker. Das können dann u.U. sehr viele Marker sein ☺. Dazu sollten Sie mal auf die Schaltfläche **Weitere Optionen** (Pfeil 3) klicken. Das öffnet das rechte Fenster, in

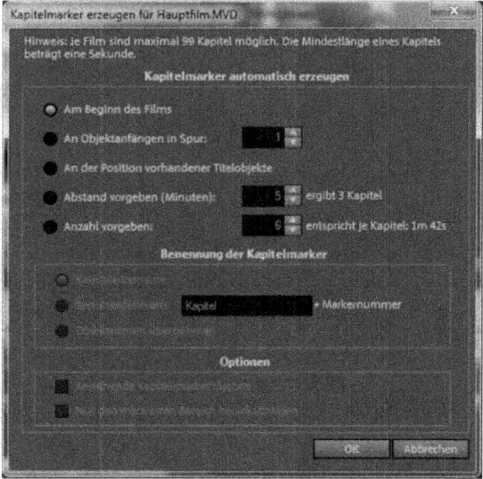

Von der Kamera auf die DVD mit Magix Video deluxe

dem Sie einstellen können, wie das automatische Setzen der Kapitelmarker von statten gehen soll. Ich will hier gar nicht weiter darauf eingehen. Sie können ja mal mit den verschiedenen Einstellungen herum spielen. Es erklärt sich ja auch im Grunde von alleine. Ich persönlich bevorzuge dagegen Methode Nummer 3.

3. Es gibt nämlich auch die Möglichkeit, nach eigenem Ermessen Kapitelmarker zu setzen. Das ist ziemlich einfach und nicht sehr zeitaufwändig. Dazu sollten Sie die Fenster für die Kapitelmarker zunächst wieder schließen, falls Sie das noch nicht getan haben. Sie können nämlich direkt in der Timeline Ihres Films Kapitelmarker setzen wo immer Sie wollen und so viele Sie wollen. Im unteren Bild sehen Sie, dass ich den Abspielmarker in der Timeline an die Stelle gesetzt habe, an der die Szene mit den Bienen anfängt. Gehen Sie mit dem Mauszeiger genau auf das Dreieck des Abspielmarkers (Pfeil 1). Drücken Sie einmal kurz auf die rechte Maustaste. Gehen Sie auf dem Menübefehl **Marker** (Pfeil 2). Ein weiteres Menü klappt auf. Dort klicken Sie auf den Befehl **Kapitelmarker setzen** (Pfeil 3).

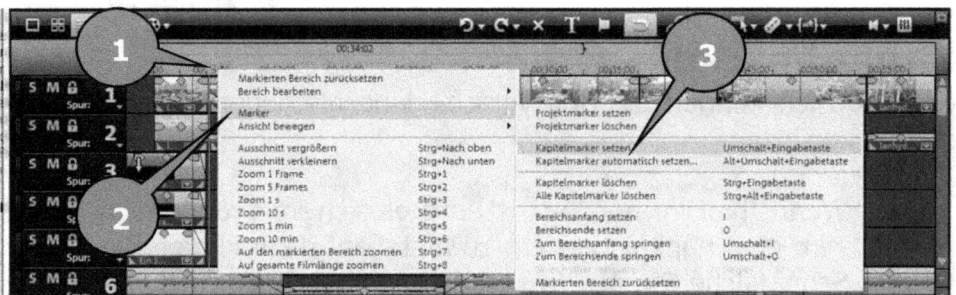

Damit ist der erste Kapitelmarker gesetzt. Das macht man nun an jeder Stelle des Films, die man für richtig hält, den Anfang eines Kapitels einzunehmen. In der Timeline sehen die Kapitelmarker so aus:

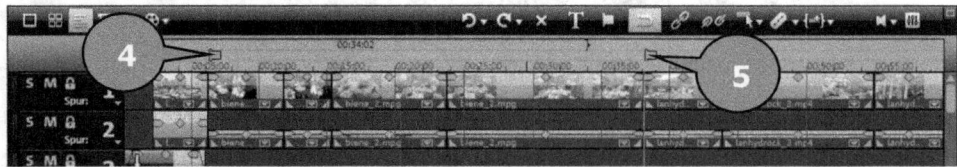

Im oberen Bild sehen Sie zwei Kapitelmarker in der Timeline (Pfeile 4 & 5).

Kapitelmarker verschieben

Sollten Sie es sich vielleicht anders überlegen und die Kapitelaufteilung ändern wollen, können Sie die Kapitelmarker auf der Timeline mit gedrückter linker Maustaste verschieben.

Kapitelmarker löschen

Wenn Sie einen Kapitelmarker nicht mehr benötigen, können Sie ihn löschen, in dem Sie genau auf dem entsprechenden Kapitelmarker einen Rechtsklick mit der Maus machen und den Befehl **Löschen** (Pfeil 1) auswählen.

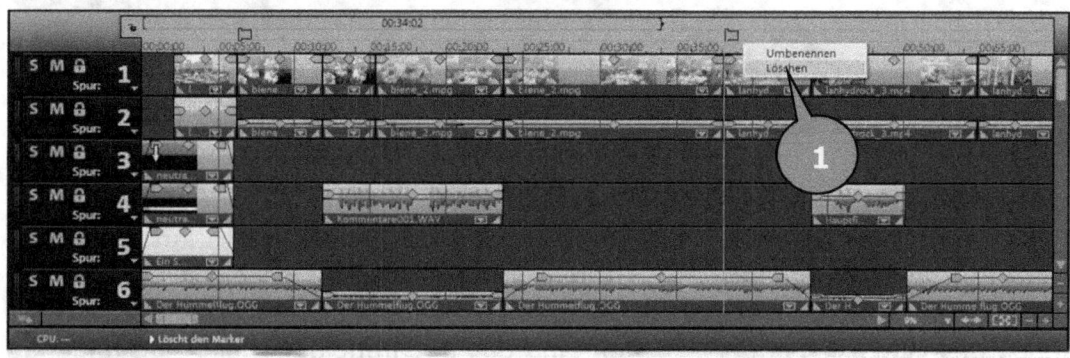

Kapitelmarker umbenennen

Sicher ist Ihnen im oberen Bild aufgefallen, dass es in dem Kontextmenü nicht nur den Befehl **Löschen** gibt, sondern auch noch den Befehl **Umbenennen**. Das sollten Sie auf jeden Fall mit jedem Ihrer Kapitelmarker machen. Geben Sie jedem Marker einen Namen, der sich auf die nachfolgende Szene bezieht. Also für die Bienen-Szene z.B. Biene, für die Szene mit dem Helikopter den Namen Helikopter usw. Um noch mal auf die Idee mit den Sehenswürdigkeiten zurück zu kommen (Kapitel: Der Film ist fertig ... aber), Sie könnten jedem Kapitelmarker am Anfang einer Szene mit einer Sehenswürdigkeit deren Namen dort eintragen. Warum das Ganze fragen Sie? Auf der DVD heißen die Kapitel dann

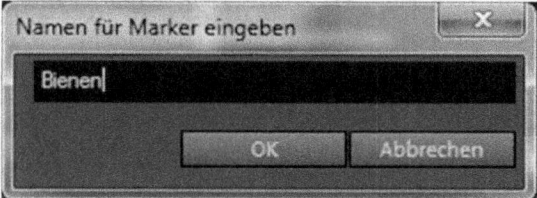

nicht 1, 2, 3 usw. Sondern Sie haben den Namen, den Sie hier vergeben haben. Das ist irgendwie professioneller. Finden Sie nicht auch? ☺ Geben Sie also allen Kapitelmarkern einen Namen.

Wie Sie in nun der Timeline sehen können helfen Ihnen die so benannten Kapitelmarker auch schon im Film, die Orientierung zu behalten. Die Namen stehen dann nämlich direkt neben den Markern (Pfeile 1-3).

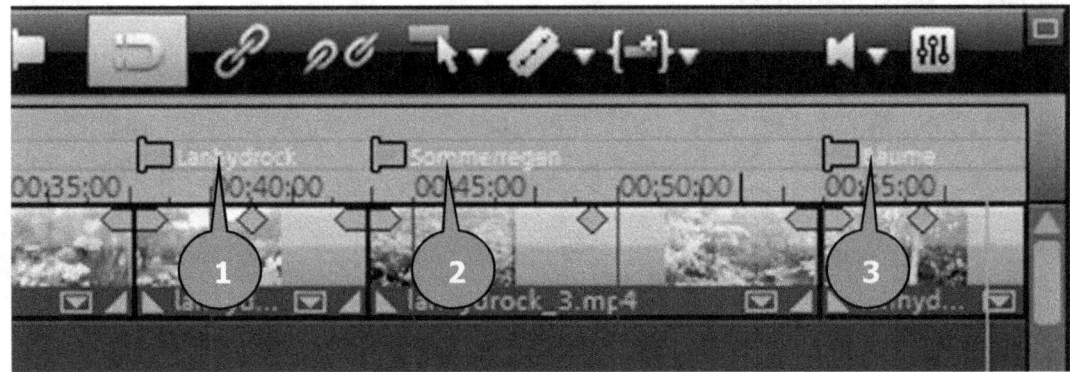

Wir machen Kapitel in unseren Film

In unserem *Buch-Beispiel-Projekt* lohnt es sich eigentlich nur für den Hauptfilm, diesen in Kapitel zu unterteilen. Da machen wir uns jetzt an die Arbeit. Setzen Sie Kapitelmarker jedes Mal an einen Szenenanfang, wenn der dargestellte Inhalt des Films sich ändert. Bei mir sind das in chronologischer Folge folgende Kapitelmarker: Bienen, Lanhydrock, Sommerregen, Bäume, Royal Navy, Hubschrauber, Rettungsübung, Mt. Edgcump, Padstow, Paraglider, Surfer, Polperro, Dover und Dia-Show. Möglicherweise haben Sie die Szenen in einer anderen Reihenfolge in den Film eingefügt wie ich. Fühlen Sie sich also völlig frei und setzen Sie die Kapitelmarker nach eigenem Gutdünken. Wenn Sie denken, Sie

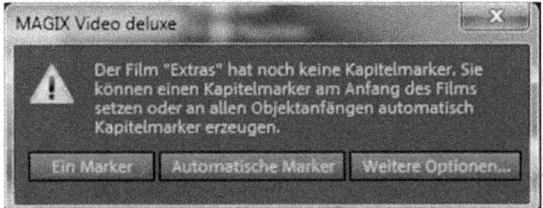

könnten jetzt eine DVD brennen, haben Sie sich getäuscht ☺. Kaum klicken Sie erneut auf die Schaltfläche **Brennen** öffnet sich dieses Fenster. Magix Video deluxe verlangt in jedem Film mindestens einen Kapitelmarker. Vorhin haben wir festgelegt, dass sich eine Unterteilung in Kapitel nur für unseren Hauptfilm lohnt. Wir verzichten also für die anderen Filme Extras, Kommentare und Outtakes auf das Setzen von eigenen Kapitelmarkern. Da wir aber einen setzen müssen, klicken Sie in dem kleinen Fenster einfach einmal auf die Schaltfläche **Ein Marker**. Machen Sie das auch für die beiden anderen Filme.

Von der Kamera auf die DVD mit Magix Video deluxe

Brennen

Wenn Sie mit den Kapitelmarkern für alle Filme durch sind, können Sie endlich eine DVD-Oberfläche auswählen und anschließend eine DVD brennen. Sollten Sie in allen Filmen Kapitelmarker von Hand gesetzt haben, müssen Sie noch auf die Schaltfläche **Brennen** rechts oben im Bildschirm klicken.

Das folgende Fenster öffnet sich. Sie sehen eine Anordnung Ihrer Filme, sowie einige Schaltflächen. Dummerweise wird immer der erste Film, in unserem Fall war das der Hauptfilm, umbenannt in den Projektnamen. Die einen nennen so etwas ein Feature, andere einen Bug ☺.

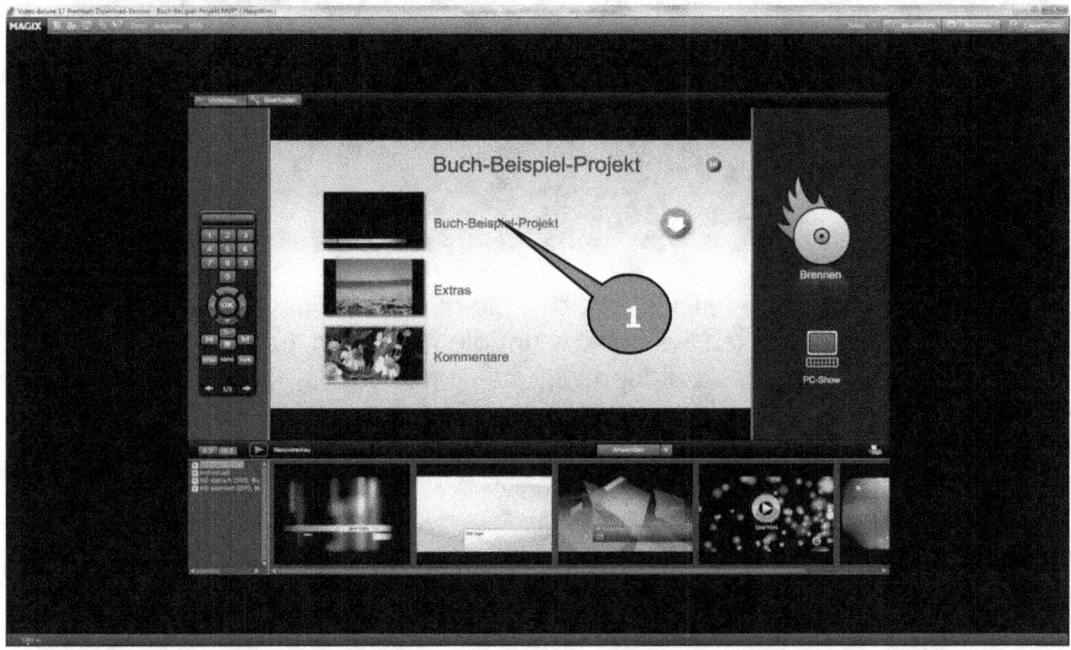

Bevor wir das nachher vergessen, ändern wir den Namen des Hauptfilms um. Gehen Sie dazu auf den Namenseintrag **Buch-Beispiel-Projekt** (Pfeil 1). Machen Sie einen Rechtsklick mit der Maus. Wählen Sie aus dem Kontextmenü den Befehl **Eigenschaften**.

Von der Kamera auf die DVD mit Magix Video deluxe

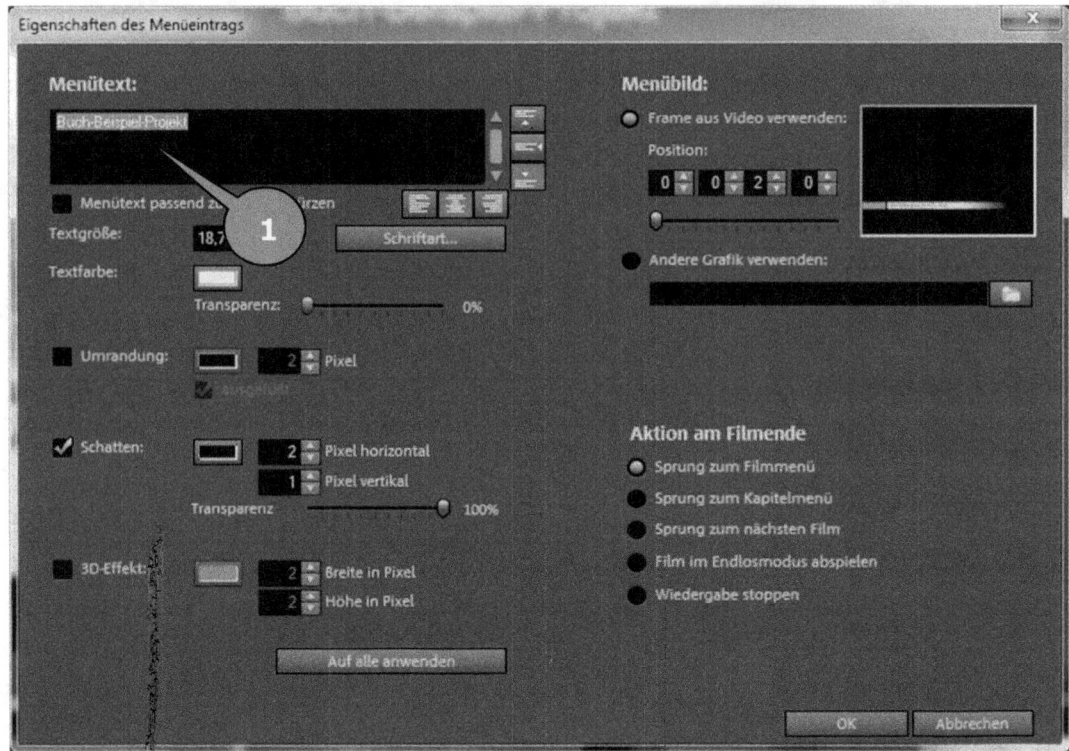

In das Feld **Menütext** (Pfeil 1) schreiben Sie nun statt *Buch-Beispiel-Projekt* das Wort *Hauptfilm*. Klicken Sie auf **OK** um die Änderung zu übernehmen. Mit dem Rest des Fensters beschäftigen wir uns später noch.

DVD-Menü auswählen

Das DVD-Menü ist das, was Ihre Zuschauer zu sehen bekommen, wenn sie Ihre DVD in einen DVD-Spieler einlegen oder auf dem PC sehen wollen. Das DVD-Menü lässt sich sehr individuell gestalten. Sie können das DVD-Menü in der Vorschau betrachten, testen und wieder ändern, so oft Sie wollen, ohne erst eine oder womöglich viele DVDs zu opfern.

Ihnen gefällt das vorgeschlagene DVD-Menü nicht? Mir auch nicht. Ich finde es zu schlicht. Links unten im DVD-Menü können Sie thematisch sortiert nach fertigen DVD-Oberflächen suchen (Pfeil 1). Um diese Auszuwählen, müssen Sie dann nur in der Vorschauleiste einen Doppelklick auf die gewünschte Vorlage machen (Pfeil 2). Schon sehen Sie in der Vorschau, wie es später aussehen wird. Schauen Sie auch ruhig mal in die 4:3 Vorlagen (Pfeil 3). Da ist die Auswahl größer. Es schadet auch nicht, das DVD-Menü in 4:3 auszuwählen, obwohl die Filme selber in 16:9 sind. Sie müssen dann nur darauf achten, dass z.B. Texte vollständig zu sehen sind. Wie Sie das DVD-Menü anpassen lernen Sie noch.

Animiertes Menü

Wenn Sie sich für ein animiertes DVD-Menü entschieden haben, können Sie mit einem Klick auf die Schaltfläche **Menüvorschau** (Pfeil 1) die animierte Vorschau starten. Jetzt sehen Sie, dass Magix Video deluxe nicht nur Einzelbilder aus Ihrem Film gezogen hat um das Menü zu gestalten, sondern es lässt den Film in Teilen ablaufen.

Ein erneuter Klick auf diese Schaltfläche stoppt die Vorschau wieder.

Eigenschaften des DVD-Menüs verändern

Ich weiß, es fällt schwer sich zu entscheiden. Aber jetzt müssen Sie es tun ☺. Wählen Sie eine DVD-Menü-Vorlage aus, die Sie für dieses Projekt verwenden wollen. Um die Eigenschaften des DVD-Menüs zu verändern, klicken Sie bitte links oben auf die Schaltfläche **Bearbeiten** (Pfeil 2).

Von der Kamera auf die DVD mit Magix Video deluxe

In diesem Fenster sehen Sie eine ganze Menge Einstellmöglichkeiten. Nicht erschrecken. Es ist alles halb so wild.

Wie Sie sehen, habe ich mich für ein Menü entschieden, bei dem jeder Teilfilm auf einer Extra-Bildschirmseite angezeigt wird. Um vom Hauptfilm z.B. zu den Extras zu gelangen, muss man auf den Pfeil rechts unten in der Ecke klicken (Pfeil 1). Der Pfeil in der Mitte dient dazu den Film zu starten (Pfeil 2). Und das Symbol daneben (Pfeil 3) wechselt in die Kapitelübersicht. Ich hätte natürlich auch eine Menü-Vorlage wählen können, bei der alle 4 Teilfilme auf eine Bildschirmseite passen. Aber dann hätte ich Sie auf etwas nicht aufmerksam machen können. Irgendwann wären Sie dann vielleicht mal darüber gestolpert und hätten sich gewundert oder über mich geärgert ☺. Ich finde es persönlich grauenhaft, wenn auf einer Seite z.B. als Schrift Arial 18 und auf der nächsten Seite Times New Roman 12 benutzt wird. Oder etwa die Schaltflächen ständig an anderen Stellen sind. Ein klein wenig Ästhetik schadet einfach nicht. Wenn alles auf einer Bildschirmseite ist, sieht man das in der Regel sofort. Wenn aber alles auf mehrere Seiten verteilt ist, kann man leicht mal was übersehen. Wenn Sie also Schriftart und -größe oder Farben und Positionen ändern, machen Sie es sorgfältig. Wie Sie sehen können, haben die Textelemente und die Bedienelemente einen Rahmen und Anfassermarken in den Ecken dieser Rahmen. Wenn Sie Textfelder oder Bedienelemente an einer anderen Stelle haben möchten, müssen Sie nur den Mauszeiger mitten in das Objekt bewegen. Dann können Sie es mit gedrückter linker Maustaste an eine andere Stelle bewegen. Die Eckanfasser dienen daz,u ein Element zu vergrößern oder zu verkleinern. Bevor Sie anfangen das DVD-Menü umzumodeln, sollten Sie einige Einstellungen vornehmen. Dazu sehen wir uns mal die Bedienelemente über unserer Vorschau an (Pfeil 5, vorherige Seite).

Aktiviert werden die Funktionen durch einfachen Mausklick. Ein weiterer Mausklick schaltet die Funktion wieder aus. Eingeschaltete Funktionen sind hellblau hinterlegt.

Das erste Symbol von links sorgt dafür, dass Größenänderungen mit einem den Eckanfasser das zu ändernde Element proportional skaliert. Für nicht Mathematiker: Wenn Sie einen der Eckanfasser mit gedrückter linker Maustaste bewegen, bleiben die Seitenverhältnisse erhalten. Breite und Höhe bleiben immer im gleichen Verhältnis.

Das zweite Symbol schaltet den so genannten Groupmodus ein bzw. aus. Wenn Sie sich das DVD-Menü genau ansehen, sehen Sie, dass die Schaltflächen für den Filmstart mit dem Namen des Film verbunden sind. Wenn Sie den Text bewegen, bewegen Sie auch die Schaltfläche für den Filmstart. Schalten Sie den Groupmodus aus, können Sie die Elemente getrennt voneinander bewegen und auch getrennt in der Größe verändern.

Das dritte Symbol ist vor allem dann wichtig, wenn die DVD später auch auf einem Fernseher gezeigt werden soll. Der Text oder Schaltflächen sollten natürlich immer vollständig zu sehen sein. Ist diese Funktion aktiviert, wird ein dünner grauer Rahmen in Ihrem DVD-Menü angezeigt (Siehe Folgende Seite). Alles was sich innerhalb dieses Rahmens befindet, ist der TV-Anzeigebereich.

Von der Kamera auf die DVD mit Magix Video deluxe

 Das vierte Symbol erzeugt eine Art magnetisches Raster auf Ihrem DVD-Menü. Damit können Sie Elemente viel leichter Positionieren, so dass Sie auf allen Bildschirmseiten an der gleichen Stelle sind. Wenn Sie auf den kleinen Pfeil neben dem Magnet-Symbol klicken können Sie noch einige Einstellungen vornehmen. So können Sie z.B. ein dunkles Raster in Ihr DVD-Menü einblenden lassen, dann können Sie noch besser erkennen, wo Sie Elemente hinschieben können oder müssen.

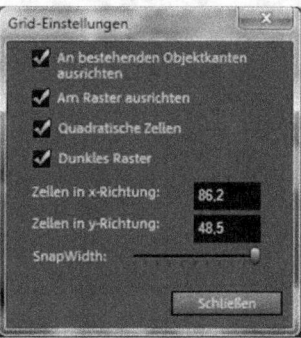

Wenn Sie die Eigenschaften von Textfeldern verändern wollen, müssen Sie den entsprechenden Text doppelklicken.

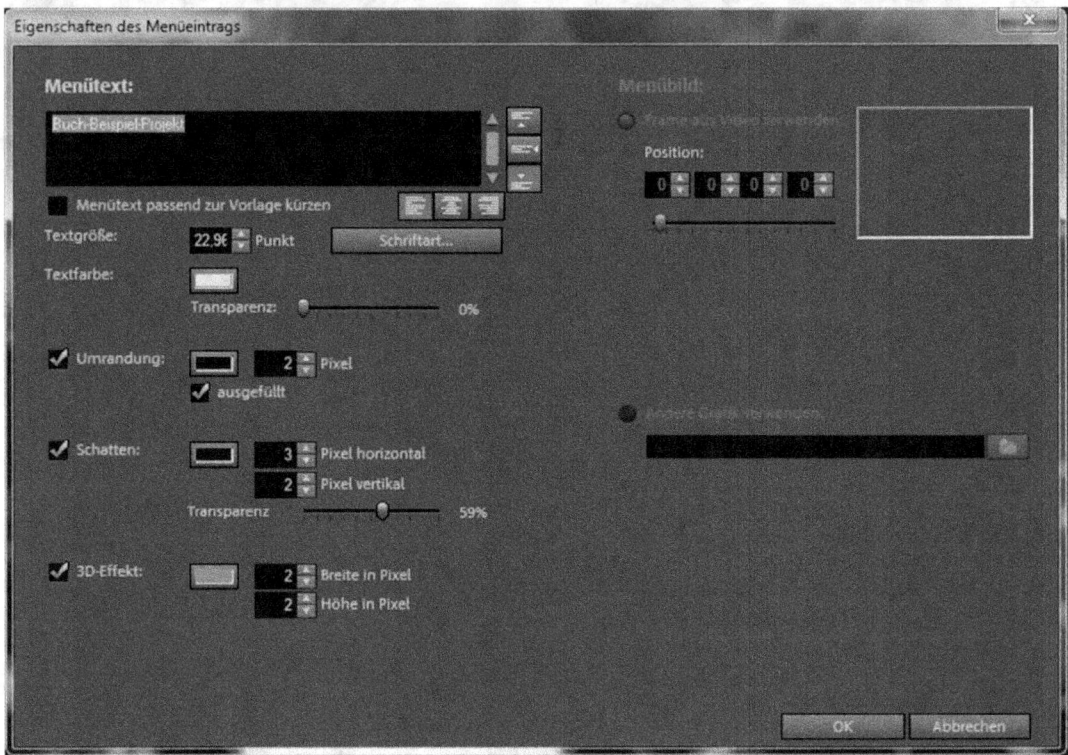

Hier können Sie nicht nur Schriftart, Textgröße und Textfarbe verändern, sondern auch noch Effekte wie Umrandung, Schatten und 3D-Effekte hinzufügen. Ich setze mal voraus, dass Sie in einer Textverarbeitung schon mal Schriftart und Textgröße geändert haben und wissen wie das geht. Änderungen speichern Sie durch Klick auf die Schaltfläche **OK**. Ich denke, dieses Fenster erklärt sich weitestgehend von selbst.

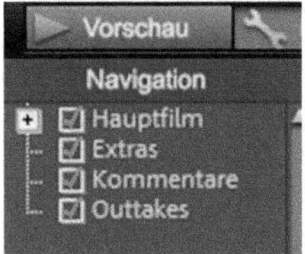

Links oben sehen Sie alle Teilfilme (Pfeil 4, Seite 119). Hier können Sie noch entscheiden, ob Sie einen Film vielleicht doch nicht auf der DVD haben wollen. Sie müssen dann nur das rote Häkchen davor durch einen Mausklick entfernen. Das Schöne daran ist, dass der entsprechende Film auch sofort aus dem DVD-Menü verschwindet.

Von der Kamera auf die DVD mit Magix Video deluxe

Links unten gibt es Richtungspfeile, mit deren Hilfe Sie sich schnell von einer Bildschirmseite zur nächsten und wieder zurück durchklicken können. Wenn man schnell zwischen zwei Seiten hin und her klickt, sieht man auch sofort, ob alles an seinem richtigen Platz ist.

Die Eistellmöglichkeiten die Sie am rechten Bildschirmrand sehen, muss man mit ein wenig mit Vorsicht genießen. Je nachdem welches DVD-Menü Sie auswählen, können Sie dort nämlich nicht alles einsetzen. Auch wenn einige Dinge sehr verführerisch klingen ☺. Sie können gerne mal mit den Einstellungen herum spielen. Wenn Sie Ihr DVD-Menü total verkorkst haben (aus eigener Erfahrung weiß, wie schnell das passiert), müssen Sie zurück in die Vorschau (Schaltfläche ganz links oben im Fenster) und Ihr DVD-Menü erneut durch Doppelklick auswählen.

Eine Sache mache ich hier aber recht häufig, egal welches DVD-Menü ich ausgewählt habe. Ich wähle ein Introvideo (Pfeil 1) aus. Dieses Introvideo läuft dann ab, bevor das DVD-Menü erscheint. Das ist wie der Trailer auf einer DVD. Wie Sie sehen, gibt es sogar eine Schalfläche, um zu verhindern, dass das Introvideo übersprungen werden kann (Pfeil 2).

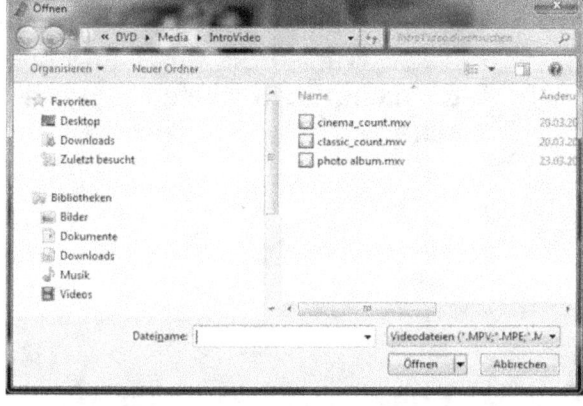

Wenn Sie auf die Auswahlschaltfläche (Pfeil 1) klicken öffnet sich ein Fenster mit bereits vorgefertigten Introvideos. Sie können eines davon auswählen oder Sie suchen sich ein eigenes Video auf der Festplatte aus.

Von der Kamera auf die DVD mit Magix Video deluxe

Kommen wir noch mal schnell zu den Kapiteln. Die haben wir schließlich von Hand mit Markern versehen, dann wollen wir auch jetzt was davon haben. Wenn Sie in der Vorschau sind (Pfeil 1), können Sie auf der Seite des Hauptfilms in die Kapitelübersicht wechseln (Pfeil 2).

Hatte ich Ihnen nicht versprochen, dass die Kapitel mit dem Namen des Kapitelmarkers erscheinen? Hier sind sie aber nur durchnummeriert. Die Namen sind eigentlich schon da. Man sieht Sie nur nicht, weil Ihre Größe auf 0 eingestellt ist. Da die Kapitel-

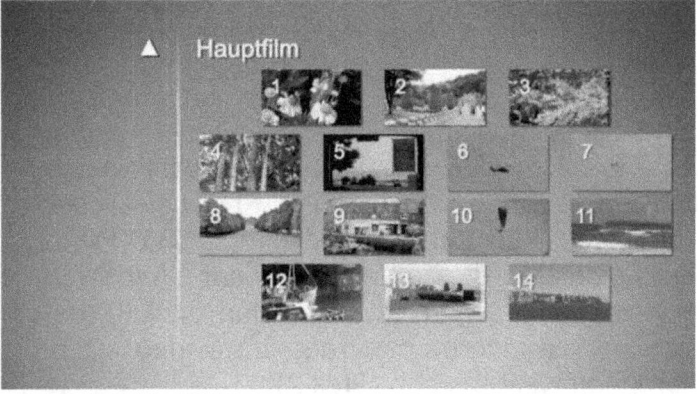

vorschaubilder recht klein sind, müssen auch die Namen recht klein sein. Gut. Größer als Null dürfen Sie schon sein ☺. Machen wir die Namen mal sichtbar.

Dazu machen Sie auf dem ersten Kapitel einen Rechtsklick mit der Maus. Wählen Sie aus dem Kontextmenü den Befehl **Eigenschaften**.

Von der Kamera auf die DVD mit Magix Video deluxe

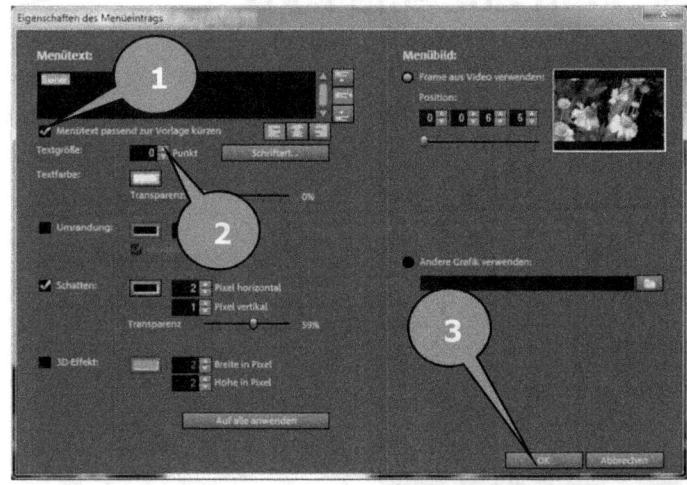

Wie Sie sehen, steht der Name des Kapitelmarkers schon im Feld Menütext. Und die Textgröße steht tatsächlich auf 0. Entfernen Sie zunächst durch Mausklick das Häkchen bei **Menütext passend zur Vorlage kürzen** (Pfeil 1). Ändern Sie nun die Textgröße mit den Pfeiltasten (Pfeil 2) auf **12**. Klicken Sie auf **OK** (Pfeil 3).

Et voila. Schon ist der Text da. Das machen Sie jetzt für alle Kapitel. In diesem Beispiel ist die Position der Texte nicht gerade praktisch. Wenn Sie links oben im Fenster auf die Schaltfläche **Bearbeiten** klicken, dann den **Groupmodus** ausschalten, können Sie alle Elemente frei bewegen.

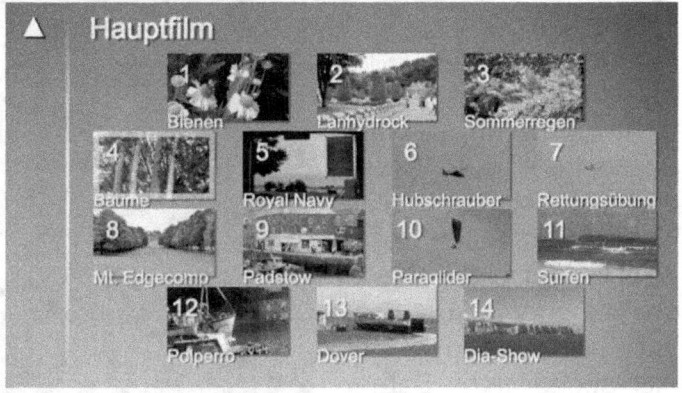

Die Nummern der Kapitel würde ich übrigens nicht löschen. Bei vielen DVD-Spielern kann man nämlich durch Drücken der entsprechenden Zahl auf der Fernbedienung direkt in das Kapitel springen. Mit der **Pfeil**-Schaltfläche kommen Sie übrigens wieder zurück in Ihr DVD-Menü (Pfeil 4).

Wir brennen unseren Film auf eine DVD

Endlich, endlich alles erledigt. Jetzt können Sie Ihre erste DVD brennen. Dazu klicken Sie im Vorschaumodus des DVD-Menüs auf die Schaltfläche **Brennen** (Pfeil 1).

Daraufhin öffnet sich dieses kleine Auswahlfenster. Wenn Sie den Mauszeiger auf einem der Symbole verweilen lassen, wird Ihnen angezeigt, wofür dieses Medium geeignet ist. Die DVD hat zwar von den vier hier abgebildeten Datenträgern die schlechteste

Bildqualität, hat aber den Vorteil, dass sie auch auf anderen Abspielgeräten außer dem PC und einem DVD-Player läuft. Eine DVD können Sie auch in einen Blu-ray-Player, eine Sony-Playstation oder einen Apple-Computer stecken. Um die höheren Auflösungen nutzen zu können, müssen Sie zunächst mal eine HD1080-Videokamera besitzen. Wenn Sie dann noch einen Blu-ray-Player oder eine Sony-Playstation Ihr Eigen nennen, in Ihrem PC schon ein Blu-ray-Brenner verbaut ist und Sie auch noch einen Fernseher mit HD1080 Technik besitzen (Wenn das so ist, werde ich Sie beneiden ☺), sollten Sie sich ruhig mal eine Blu-ray-Disk brennen. Die Bildqualität ist einfach umwerfend. Gehen wir aber hier mal davon aus, dass Sie einen Datenträger erzeugen möchten, der für die breite Masse der Bevölkerung geeignet ist. Also eine DVD. Klicken Sie dazu auf die Schaltfläche **DVD** (Pfeil 2).

Von der Kamera auf die DVD mit Magix Video deluxe

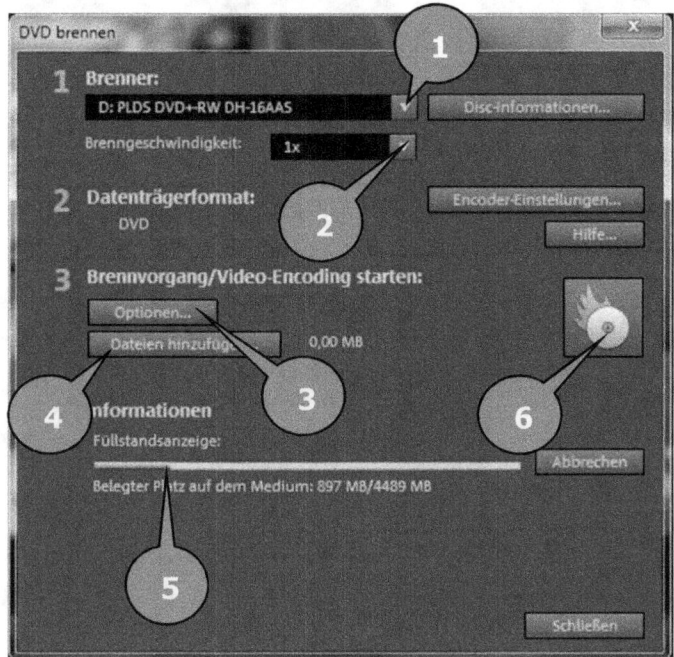

Sollten Sie über mehrere DVD-Brenner in Ihrem PC verfügen, können Sie auswählen welchen Sie benutzen möchten (Pfeil 1). Die Brenngeschwindigkeit (Pfeil 2) ist abhängig vom Brenner aber auch von den verwendeten Rohlingen.

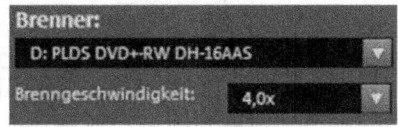

Ein Klick auf die Schaltfläche **Optionen** (Pfeil 3) lohnt sich aus einem ganz bestimmten Grund. Dort können Sie nämlich den Namen der DVD ändern. Vorgeschlagen wird hier der Projektname. Je nachdem, wie Sie das Projekt genannt haben kann das später unschön aussehen. Der Name wird unter anderem im Windows-Explorer angezeigt, wenn Sie die DVD einlegen. Viele DVD-Spieler blenden den Namen auch im Display ein. Und da liegt das Problem. Wenn im Namen der DVD deutsche Umlaute, also äöüß oder Sonderzeichen vorkommen, kann es passie-

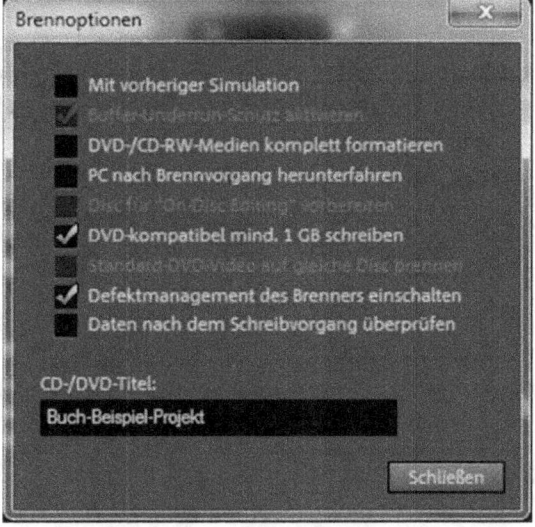

ren, dass die DVD nicht erkannt wird oder im Display irgendwelche Zeichenfolgen angezeigt werden, die Sie so nicht haben wollten. Als Faustregel gilt: Verwenden Sie nur die Buchstaben von a-z und A-Z, die Zahlen von 0-9, sowie den Unterstrich _ (Shift-Bindestrich). Diese Zeichen sind nämlich auf allen Computersystemen gleich. Und so ein DVD-Player ist auch nur ein kleiner Computer.

Von der Kamera auf die DVD mit Magix Video deluxe

Sie erinnern sich, dass wir in den Extras eine kleine Dia-Show erstellt haben und auch am Ende des Hauptfilms einige Fotos eingefügt wurden. Diese Fotos einzeln aus dem Film zu extrahieren ist zwar technisch kein Problem, bleibt aber von der Qualität her weit hinter den Originalfotos zurück, da Sie ja nur in DVD-Qualität extrahiert werden können. Davon Abzüge auf Papier zu machen ist wenig sinnvoll. Wenn Sie die DVD verschenken möchten, können Sie dem Empfänger sicherlich eine Freude machen, indem Sie die Fotos in Originalqualität mit auf die DVD packen. Die kann man sich dann im Windows-Explorer ansehen und wenn man möchte auch in vernünftiger Qualität auf Papier drucken. Um der DVD Dateien oder ganze Ordner hinzuzufügen, klicken Sie auf die Schaltfläche **Dateien hinzufügen** (Pfeil 4, vorherige Seite). Wählen Sie den Ordner oder die Dateien aus, die Sie zusätzlich auf die DVD brennen wollen. Wenn Sie aus mehreren Ordnern Dateien importieren möchten, müssen Sie den ganzen Vorgang mehrmals durchführen.

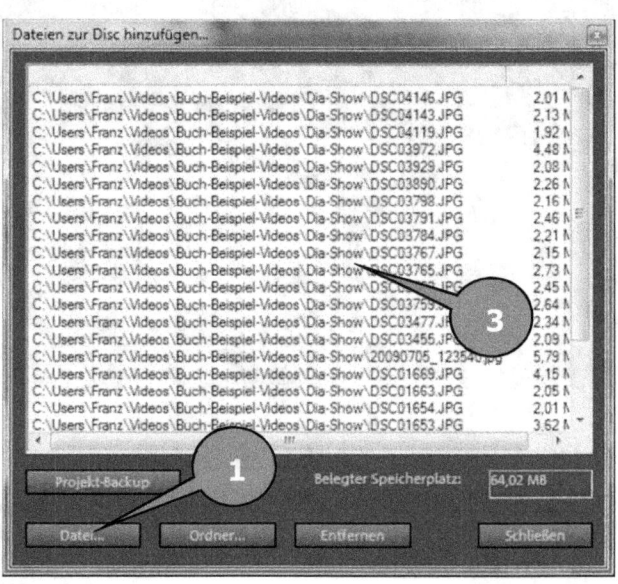

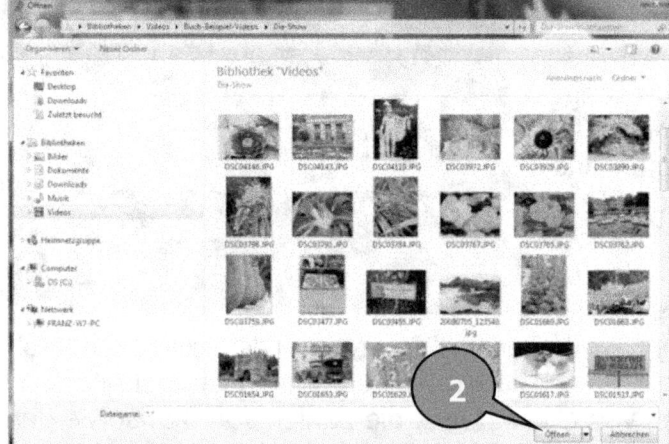

Klicken Sie auf die Schaltfläche **Datei...** (Pfeil 1), wählen Sie den gewünschten Ordner aus, markieren Sie die entsprechenden Dateien und klicken Sie dann auf **Öffnen** (Pfeil 2). Im oberen Bild sehen Sie eine bereits ausgewählte Liste von Fotos (Pfeil 3). Das geht übrigens nicht nur mit Fotos, sondern mit Dateien aller Art. Der Füllstandsanzeiger (Pfeil 5, vorherige Seite) zeigt Ihnen an, ob noch genug Platz

Von der Kamera auf die DVD mit Magix Video deluxe

auf der DVD ist. Wenn Sie das alles erledigt haben, können Sie endlich zum Finale kommen. Legen Sie eine leere, beschreibbare DVD ein und klicken Sie auf die Schaltfläche **Brennen** (Pfeil 6, zwei Seiten vorher). Unter Umständen erscheint die folgende Meldung:

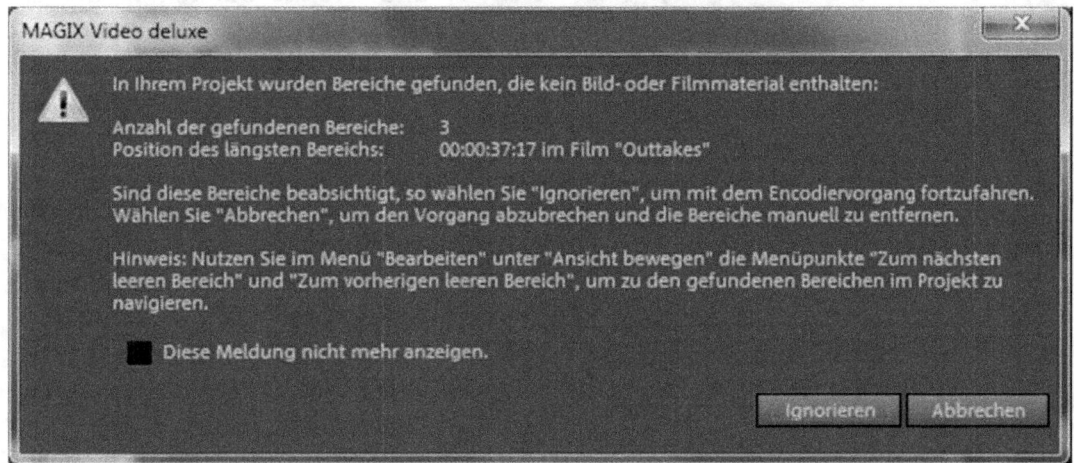

Sie werden darauf hingewiesen, dass es irgendwo in Ihrem Film Stellen gibt, die kein Filmmaterial enthalten, also einfach leer sind. Ich habe das absichtlich gemacht um das zu demonstrieren. Das kann natürlich gewollt sein. Aber wenn Sie das nicht wollten, müssen Sie hier **Abbrechen** und die fehlerhaften Stellen im Film suchen und korrigieren. Hilfreich dabei ist, dass die Meldung Ihnen genau anzeigt, wo die schwarzen Flecken sind. Aber wir sind jetzt mal so frei und sagen, das war alles so gewollt und klicken auf die Schaltfläche **Ignorieren**.

Von der Kamera auf die DVD mit Magix Video deluxe

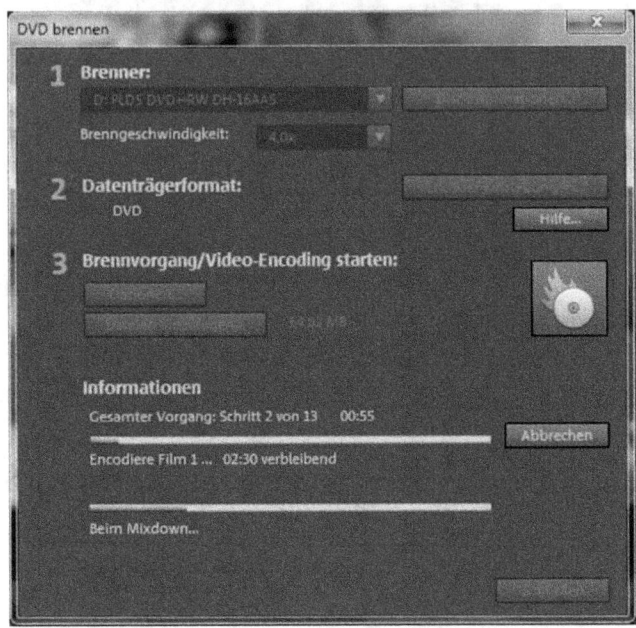

Was soll ich sagen? Jetzt geht es wirklich los. Magix Video deluxe berechnet jetzt den Film und brennt danach sofort die DVD. Wie lange das dauert ist von mehreren Faktoren abhängig. Was den sogenannten Mixdown, also das Berechnen der Videodateien angeht, ist die Dauer von zwei Größen Abhängig. Da wären die Länge des Films und die Rechenleistung Ihres PCs. Der eigentliche Brennvorgang benötigt in der Regel viel weniger Zeit. Die Dauer des Brennvorgangs ist abhängig von der Geschwindigkeit Ihres DVD-Brenners und den DVD-Rohlingen. Auf einem Notebook dürften sowohl die Berechnung der Videos, wie auch das Brennen der DVD, bei gleicher Taktrate, deutlich langsamer ablaufen als auf einem Desktop-PC. Vor allem, wenn man mit HD1080-Filmmaterial arbeitet, gibt es nur eines, was besser ist als viel Rechenpower. Nämlich noch mehr Rechenpower.

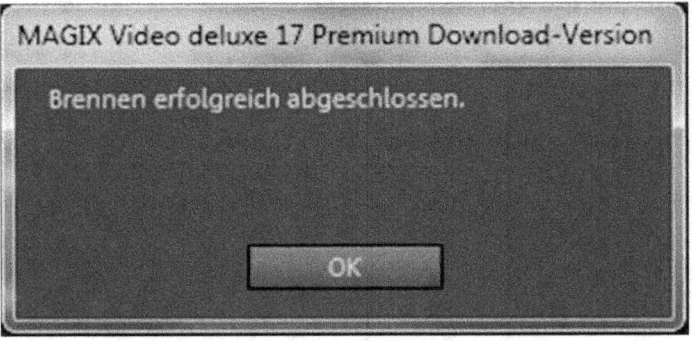

Beim ersten Mal habe ich noch begeistert zugesehen, obwohl das den Spannungsgrad hat, als ob man jemandem beim Angeln zusieht ☺. Seit dem mache ich mir lieber einen Cappuccino und warte die paar Minuten ab. Und dann ist es endlich soweit. Die DVD wurde erfolgreich gebrannt. Die Berechnung der Videodateien und das Brennen benötigen viel Systemleistung. Sie sollten daher vermeiden, in dieser Zeit noch andere Dinge auf dem PC zu machen. Das kann durchaus dazu führen, dass die DVD *NICHT* erfolgreich gebrannt werden kann.

DVD auf dem PC abspielen

Wenn Sie die fertig gebrannte DVD in Ihren PC einlegen, werden Sie in der Regel nach einigen Sekunden gefragt, was Sie damit machen wollen. Um eine Film-DVD auf einem PC abspielen zu können, benötigen Sie ein entsprechendes Abspielprogramm. Wie Sie sehen, habe ich zwei davon. Mein Favorit, wegen des Bedienkomforts, ist PowerDVD. Das Programm ist kostenpflichtig, war aber auf meinem PC beim Kauf schon vorinstalliert. Der VLC Media Player hingegen ist Freeware, also kostenlos. Er hat nicht nur den Vorteil, kein Geld zu kosten, er spielt auch nahezu jedes Videomaterial klaglos ab. Neben diesen beiden Programmen gibt es natürlich noch eine Unzahl anderer. Verwenden Sie einfach das Programm, das Ihnen am besten gefällt.

Im Windows-Explorer können Sie sich die Laufwerke anzeigen lassen, in dem Sie bei Windows Vista oder Windows 7 auf die Schaltfläche **Computer** klicken. Bei Windows XP heißt das **Arbeitsplatz**. Wie Sie sehen, wird der Name der DVD abgeschnitten, weil nur maximal 16 Zeichen angezeigt werden können. Bei manchen DVD-Spielern, können evtl. auch

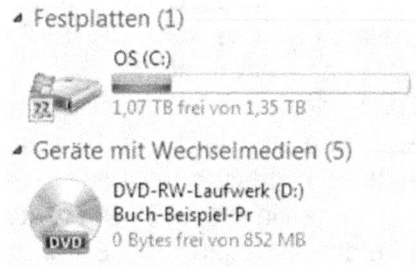

nur 11 oder 13 Zeichen angezeigt werden. Sollten Sie den Autostart unter Windows abgeschaltet haben, können Sie DVD hier auch per Doppelklick starten.

Die DVD läuft oder läuft nicht!

Ich habe bisher noch keinen PC mit DVD-Laufwerk und geeigneter Software gefunden, auf dem meine selbstgebrannten DVDs nicht laufen würden. Bei DVD-Spielern im Wohnzimmer sieht das schon anders aus. Ich habe zwei solcher Geräte. Bei dem sündhaft teuren Markengerät läuft nur etwa jede zweite DVD ohne Probleme. Bei dem € 44,50 NoName DVD-Player hingegen laufen bisher alle Datenträger ohne zu murren. Probieren Sie es einfach aus. Sollte eine DVD auf Ihrem Player nicht laufen, lohnt es sich vielleicht, eine neue DVD zu brennen und dabei die Brenngeschwindigkeit zu reduzieren. Ich habe damit bei DVDs und auch bei Musik-CDs oft Erfolg gehabt. Sollten Ihre selbstgebrannten Filme auf Ihrem DVD-Player nicht funktionieren, kann ich Ihnen nicht garantieren, dass diese Methode hilft. Ihre Chancen steigen dadurch aber beträchtlich.

DVD-Aufkleber oder bedruckbare DVD

Nur mit einem Filzschreiber auf eine DVD zu schreiben, was darauf gebrannt ist, ist wenig beeindruckend. Wenn ich mir schon so viel Arbeit mache, meinen Film zu bearbeiten, dann soll er schon beim Auspacken ein Wow erzeugen. Lange Jahre habe ich Aufkleber verwendet. Das sieht auch recht gut aus, wenn man sich etwas Mühe gibt. Meist benutze ich irgendein Bild aus dem Film als Hintergrundgrafik, drucke den Titel und Informationen über den Film mit auf den Aufkleber. Die Aufkleber haben aber einen Nachteil. Wenn man sie wechselndem Klima aussetzt, werden sie wellig. Sind sie wellig, laufen die DVDs auch unwuchtig. Das kann dazu führen, dass die DVD nicht mehr abspielbar ist. Seit ein paar Jahren gibt es Drucker, die in beeindruckender Qualität direkt auf eine DVD oder auch CD drucken können. Auch die dafür notwendigen bedruckbaren Rohlinge sind leicht verfügbar und bezahlbar. Eine weitere Variante sind sogenannte Lightscribe-Rohlinge. Mit einem geeigneten Brenner lassen sich die Cover direkt in die DVD-Oberfläche brennen. Solche DVDs sehen einfach toll aus. Allerdings dauert das Brennen der Coveroberfläche auf meinem Rechner 16 Minuten. Das ist also nichts für die Massenproduktion.

DVD-Hülle(n) und Coverdruck

Magix Video deluxe enthält ein leistungsfähiges Programm, um Cover und Inlays für die verschiedensten DVD-Verpackungen direkt zu bedrucken. Sie können Bilder und Texte nach Belieben setzen und sich z.B. ein Cover in der richtigen Größe ausdrucken. Sie müssen so auch nicht lange nachmessen oder im Internet recherchieren, welche Maße Sie benötigen. Das Cover-Programm

Von der Kamera auf die DVD mit Magix Video deluxe

erreichen Sie über das Brenn-Programm. Sie klicken im Hauptbildschirm zunächst mal auf **Brennen**.

Dort finden Sie rechts unten in der Ecke ein kleines Druckersymbol (Pfeil 1). Klicken Sie darauf, sind Sie im *Magix Extreme Druck Center*.

Alternativ dazu können Sie das Programm aber auch über **Start/Alle Programme/Magix/Magix Video deluxe xx/Magix Extreme Druck Center** starten.

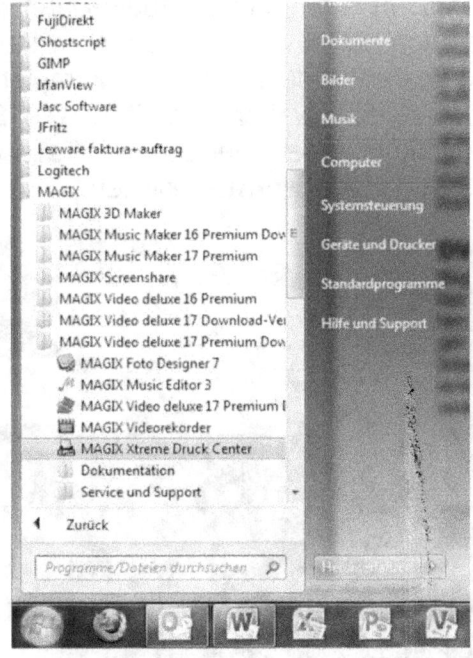

Backup des Projekts anlegen

Videodateien sind sicherlich die Dateien, die den meisten Platz auf der Festplatte benötigen. Irgendwann werden Sie vielleicht auch in die Verlegenheit kommen, dass sich Ihre Festplattenkapazität dem Ende neigt und Sie überlegen müssen, was Sie löschen können oder was Sie evtl. auf eine andere Festplatte auslagern können. Sie könnten natürlich auch einfach eine größere Festplatte einbauen. Das löst das Problem erst einmal genauso. Sicherlich ist Ihnen auch bewusst, dass Sie ab und an mal eine Datensicherung machen sollten. Wenn Sie jedes Mal alle Ihre Videodateien mit sichern müssen, dann kann das was dauern. Wenn Sie z.B. eine externe Festplatte benutzen um Daten dahin auszulagern oder Sie auf die Idee kommen Ihre Videodaten umzusortieren oder was genauso schlimm wäre, diese einfach umzubenennen, dann kann es vorkommen, dass Sie ein „altes" Videoprojekt öffnen wollen und die Meldung bekommen, dass irgendwelche Dateien nicht gefunden wurden. Diese Dateien dann wiederzufinden und an den „richtigen" Platz zurück zu kopieren kann ganz schön mühsam sein. Dieser Gefahr können Sie ganz einfach entgehen, in dem Sie ein Backup Ihres kompletten Video-Projekts auf DVD brennen. Dabei werden alle Dateien, die Sie in dem Projekt verwendet haben mit auf die DVD gebrannt. Also alle Filme, Audio-Datei und Bilder bleiben zusammen. So können Sie auch auf einem ganz anderen Rechner, auf dem natürlich Magix Video deluxe installiert sein muss, ein komplettes Backup Ihres Videoprojektes einspielen und dort weiterbearbeiten. Die Backup-Funktion können Sie aufrufen, in dem Sie auf den Menübefehl **Datei/Sicherheitskopie/Filme und Medien auf CD/DVD brennen** klicken.

Von der Kamera auf die DVD mit Magix Video deluxe

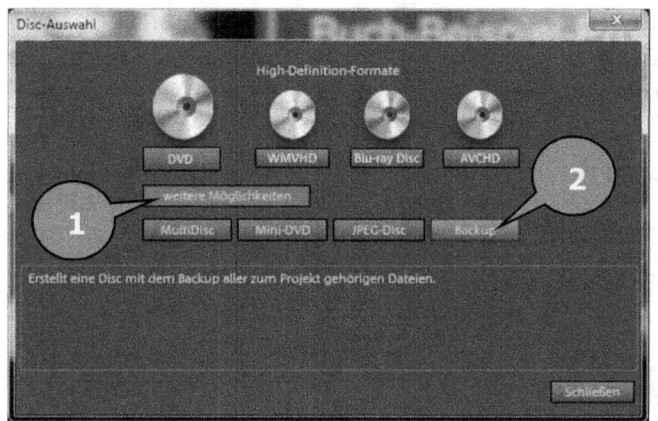

Es ginge auch anders. Wenn Sie im Brennmodus sind, klicken Sie auf **weitere Möglichkeiten** (Pfeil 1) und dann auf **Backup** (Pfeil 2).

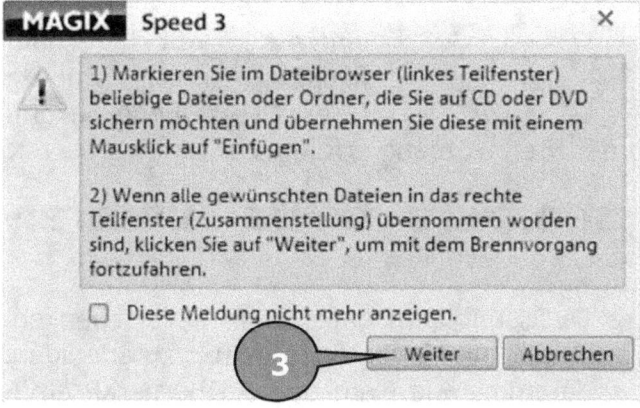

Egal wie Sie es machen, zunächst wird Ihnen dieses Hinweisfenster angezeigt. Klicken Sie auf **Weiter** (Pfeil 3).

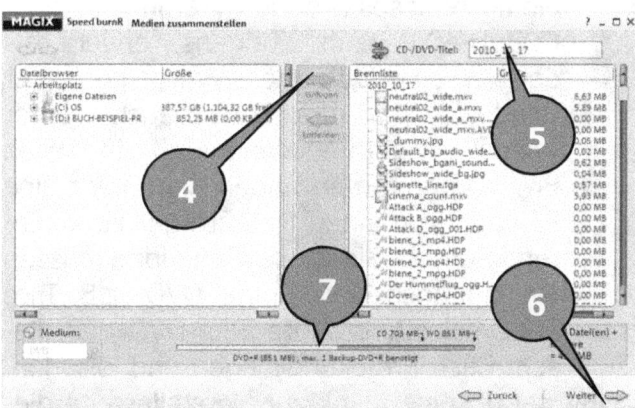

Schon sehen Sie in diesem Fenster, in der rechten Spalte, alle Dateien, die bereits in Ihrem Videoprojekt enthalten sind. Wenn Sie mit Ihrem Projekt noch nicht fertig sind und noch Dateien fehlen, können Sie diese aus der linken Spalte auswählen und den Projektdateien hinzufügen. Dazu klicken Sie die gewünschten Dateien oder Ordner an, um sie zu markieren. Anschließend machen Sie noch einen Klick auf die Schaltfläche **Hinzufügen** (Pfeil 4, vorherige Seite). Dem Datenträger sollten Sie noch einen prägnanten Namen geben. Den Namen können Sie im Feld CD-DVD-Titel ändern (Pfeil 5, vorherige Seite). Haben Sie alle Dateien hinzugefügt, klicken Sie auf die Schaltfläche **Weiter** (Pfeil 6, vorherige Seite). Achten

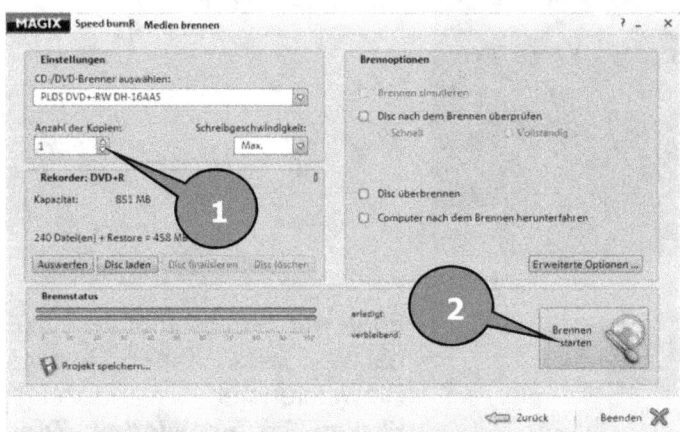

Sie auf den Füllstandsanzeiger (Pfeil 7, vorherige Seite)!
Damit landen Sie in diesem Fenster. Wenn Sie mehr als eine Backup-DVD benötigen, können Sie die **Anzahl der Kopien** (Pfeil 1) erhöhen. Alles erledigt? Dann geht's weiter mit einem Klick auf die Schaltfläche **Brennen starten** (Pfeil 2). Am Ende bekommen Sie wieder eine Meldung, ob der Brennvorgang erfolgreich war.

Wie brennen Sie mehrere DVDs hintereinander?

Vielleicht wollen Sie mal mehrere DVDs mit dem gleichen Film verschenken. Dann ist es eher umständlich diese Arbeit mit Magix Video deluxe zu erledigen. Da würde ich Ihnen eher Brenn-Programme wie Nero oder CDBurnerXP empfehlen. Nero ist oft schon im Lieferumfang von neuen PCs und CDBurnerXP ist

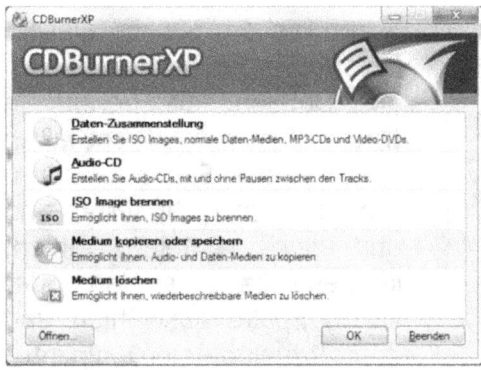

ein kostenloses Brennprogramm.
CDBurnerXP läuft übrigens, anders als der Name vermuten lässt, nicht nur unter Windows XP, sondern auch unter Windows Vista und Windows 7. In diesen Brennprogrammen finden Sie immer eine Funktion um einen Datenträger zu kopieren. Starten Sie diese Funktion, müssen Sie nur noch die Original-DVD (z.B. Ihre erste selbstgebrannte Film-DVD aus diesem Buch-Projekt) einlegen und loslegen.
Links sehen Sie ein Beispiel für CDBurnerXP. Einen Link zur Herstellerseite dieses Programms finden Sie im Kapitel *Softwareempfehlungen*.

Tipps und Tricks

In meinen Computer-Kursen stelle ich immer wieder fest, dass den Kursteilnehmern wichtige Basics fehlen. Deshalb kommen hier drei kleine Kapitel, die Ihnen hoffentlich helfen können, Aufgaben nicht nur in Ihren Video-Projekten zu lösen. Diese Tipps gelten schließlich für alle Anwendungen.

Kleine Windows Farbenlehre

Ich glaube, es lohnt sich, mal etwas genauer auf die Schriftfarbe zu sehen. Die Art und Weise, wie man die Farbe ändert, taucht nämlich immer wieder irgendwo unter Windows auf.

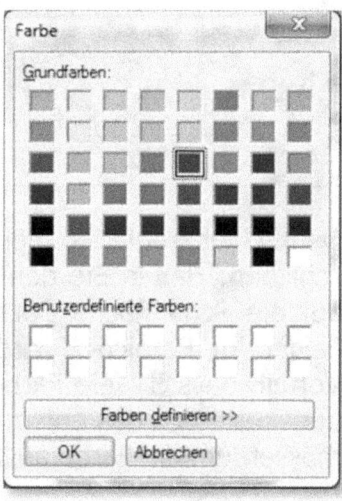

Sie sehen hier ein Auswahlfenster mit 48 vordefinierten Farben. Dieses Fenster öffnet sich, wenn Sie auf das Farbauswahlsymbol klicken. Um eine der vordefinierten Farben auszuwählen, klicken Sie diese einfach an und dann klicken Sie auf die Schaltfläche **OK**. Ihre Wunschfarbe ist nicht dabei? Kein Problem. Klicken Sie doch mal auf die Schaltfläche **Farben definieren >>**.

Von der Kamera auf die DVD mit Magix Video deluxe

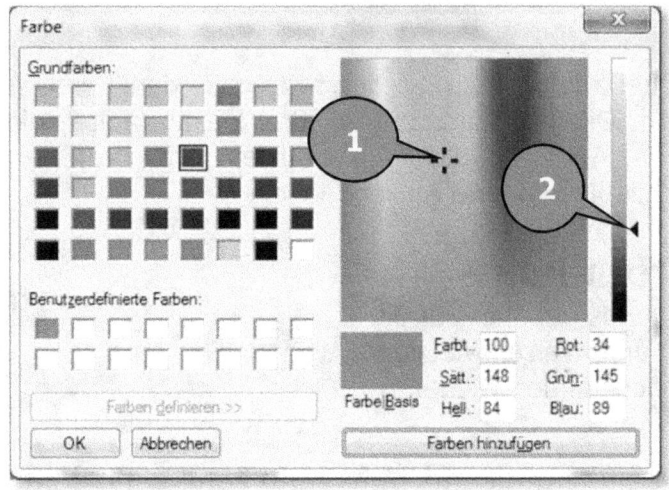

Hier können Sie jede Farbe, aus einer Palette von 16,7 Millionen Farben, einstellen. Dazu haben Sie zwei Möglichkeiten. Klicken Sie mit der linken Maustaste irgendwo in den regenbogenfarbigen Bereich, um den ungefähren Farbton zu treffen, den Sie suchen (Pfeil 1). Mit dem seitlichen Schieberegler (Pfeil 2) können Sie nun die Farbtemperatur einstellen. Den Schieberegler können Sie mit gedrückter, linker Maustaste rauf oder runter schieben. Haben Sie den gewünschten Farbwert eingestellt, klicken Sie einmal auf die Schaltfläche **Farben hinzufügen**. Jetzt wird die Farbe in eines der Felder im Bereich **Benutzerdefinierte Farben** übernommen. Das hat den Vorteil, dass Sie die Farbe nicht jedes Mal wieder neu einstellen müssen, sondern nur noch das entsprechende Feld im Farbauswahlfenster einmal anklicken müssen um die Farbe auszuwählen.

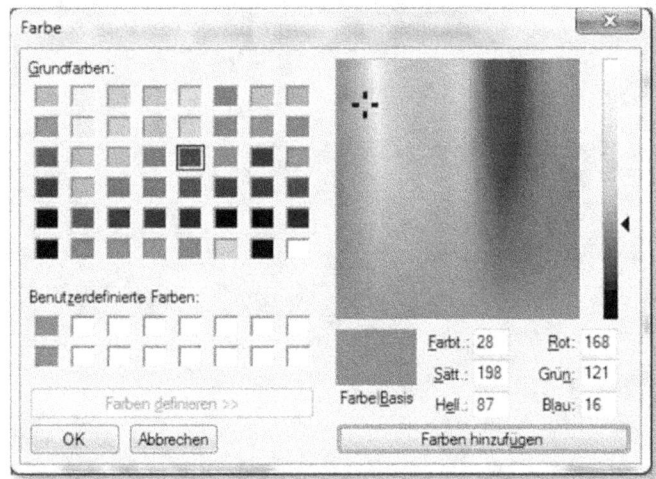

Es gibt eine zweite Möglichkeit Farben auszuwählen. Dazu muss man deren RGB-Werte kennen. Wenn Sie bestimmte Farben öfter benutzen wollen, lohnt es sich, die Werte für R (Rot), G (Grün) und B (Blau) irgendwo zu notieren. In anderen Programmen, wie etwa Word oder Open Office und vielen Grafik-Programmen sieht die Farbauswahl nämlich identisch aus. Sie sehen in diesem Beispiel rechts unten in der Ecke die RGB-Werte. Rot hat den Wert 168, Grün 121 und Blau 16.

Von der Kamera auf die DVD mit Magix Video deluxe

Die drei Farben können Werte zwischen 0 und 255 annehmen. Dabei bedeutet der Wert 0, dass die Farbe nicht vorhanden ist und 255 bedeutet den Maximalwert einer Farbe. Wenn Ihre Wunschfarbe ein reines Grün sein soll, wären die Werte also 0/255/0. Für ein reines Rot 255/0/0 usw. So kommen auch die sagenumwobenen 16,7 Millionen Farben beim PC zustande:

$$256 \times 256 \times 256 = 16\,777\,216$$

Aber egal mit welcher Methode Sie die Farbe einstellen, mit einem Klick auf die Schaltfläche **OK** wird sie für den Text übernommen.

Markieren mehrerer Elemente

Mit der Maus und Shift-Taste markieren

Aus den vorhergehenden Beschreibungen wissen Sie ja bereits, dass man durch einfaches Anklicken eine Datei markieren kann. Wenn Sie nun mehrere Dateien gleichzeitig markieren wollen, die z.B. in der Einstellung **Ansicht/Liste** alle hintereinander liegen, dann klicken Sie zunächst einmal mit der linken Maustaste auf die erste Datei, die Sie markieren möchten und dann bei gedrückter **Shift-Taste**, auch als Großschreib-Taste bezeichnet, auf die letzte Datei, die Sie markieren möchten. Danach sind alle Dateien zwischen den beiden Mausklicks blau markiert. Kopieren oder Ausschneiden geht jetzt wie schon vorher beschrieben.

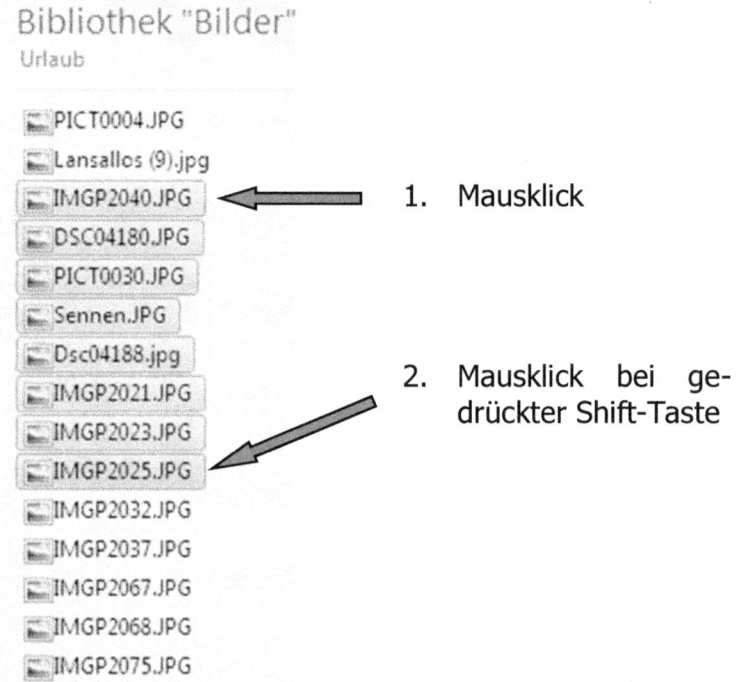

Diese Methode kann ganz nützlich sein, wenn Sie die Fotos in einem Ordner in der Ansichtsform Details nach Datum sortiert haben. Dann können Sie nämlich z.B. die Fotos eines Urlaubstages ganz gezielt markieren und kopieren.

Mit der Maus und Strg-Taste markieren

Nun kann es aber passieren, dass die Dateien, die Sie kopieren möchten, nicht alle hintereinander liegen, sondern verstreut sind. Wenn man dann mehrere Dateien markieren möchte, kommt die **Strg-Taste** (Steuerungs-Taste) ins Spiel. Diese Taste wird auch gerne als Ctrl- oder Control-Taste bezeichnet. Hierzu klickt man wieder mit der linken Maus-Taste auf die erste Datei, die man markieren möchte, hält dann die **Strg-Taste** gedrückt und klickt nacheinander auf jede Datei, die man markieren möchte. Hat man mal auf die falsche Datei geklickt, muss man nicht von vorne anfangen. Ein weiterer Klick auf die „falsche" Datei hebt deren Markierung wieder auf.

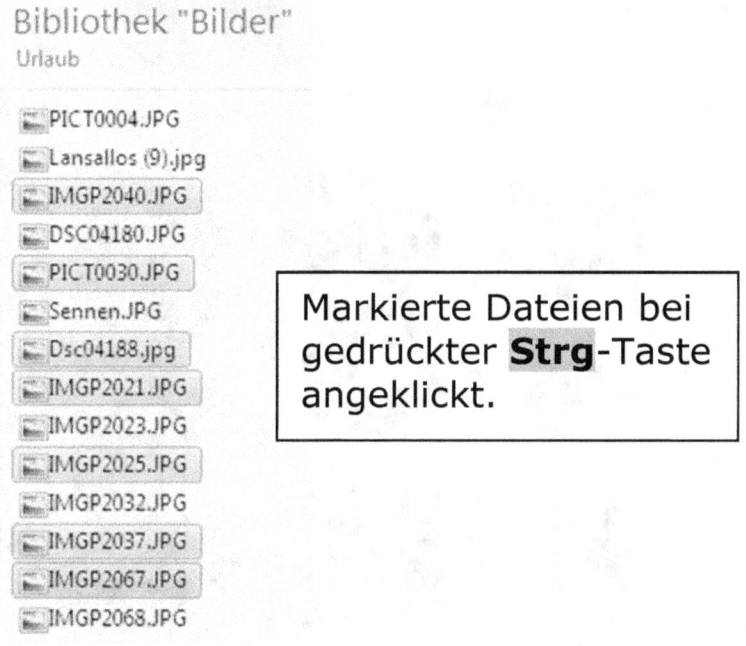

Markierte Dateien bei gedrückter **Strg**-Taste angeklickt.

Dabei sollten Sie es nicht zu eilig haben. Sie sollten ganz konzentriert ein Foto anklicken, die Maustaste wieder loslassen, den Mauszeiger auf das nächste Foto bewegen, dann anklicken, usw. Wenn Sie nämlich beim Bewegen der Maus die Maustaste los lassen, erzeugt Windows sofort Kopien von allen bereits markierten Fotos. Das ist nicht schlimm. Nur ärgerlich ☺. Wenn Ihnen das mal passieren sollte, drücken Sie hinterher einfach einmal die Tastenkombination **Strg+z** und das Unglück wird wieder beseitigt.

Von der Kamera auf die DVD mit Magix Video deluxe

Mit der Maus umrahmen

Sie können mit gedrückter, linker Maustaste auch einen Rahmen um gewünschte Fotos ziehen. Dabei erscheint ein blaues Rechteck, das Ihnen anzeigt, welche Fotos schon umrahmt und damit markiert sind. Diese Methode ist etwas knifflig. Sie müssen dabei nämlich peinlich darauf achten, den Mauszeiger vor dem Klicken im leeren Bereich zu haben, sonst markieren Sie nämlich das Foto, dem der Mauszeiger zu nahe gekommen ist.

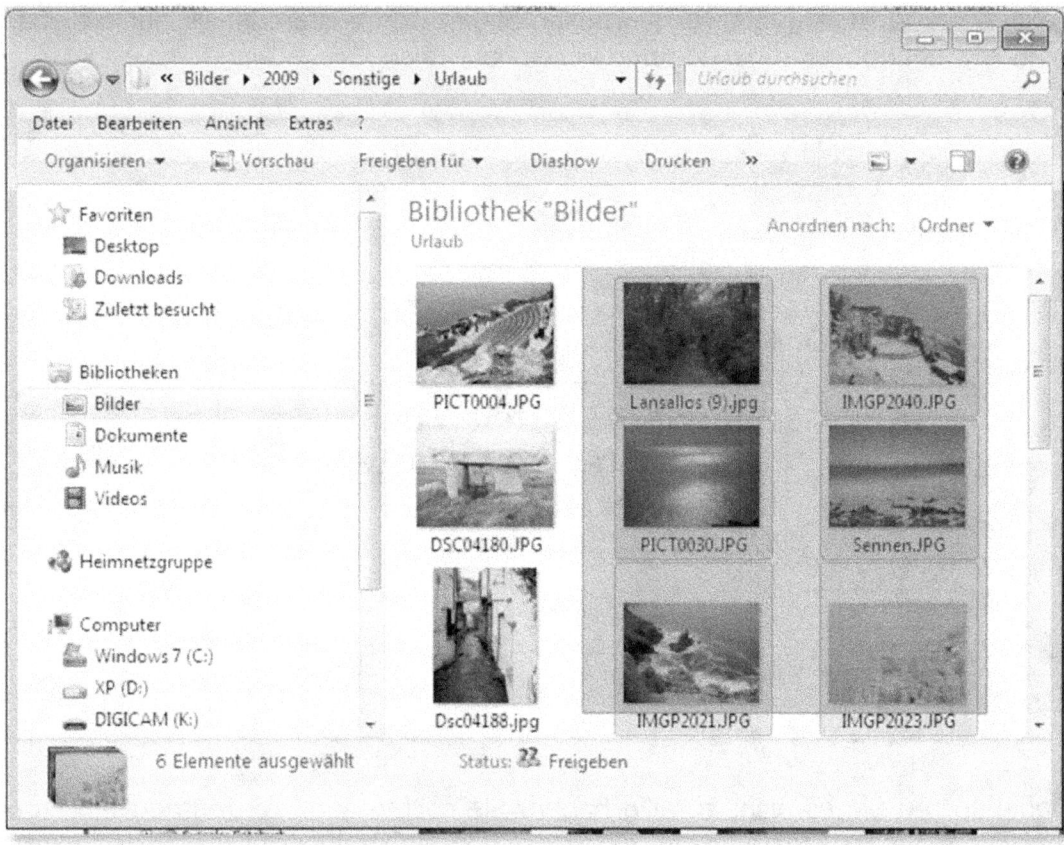

Sonderzeichen im Titel

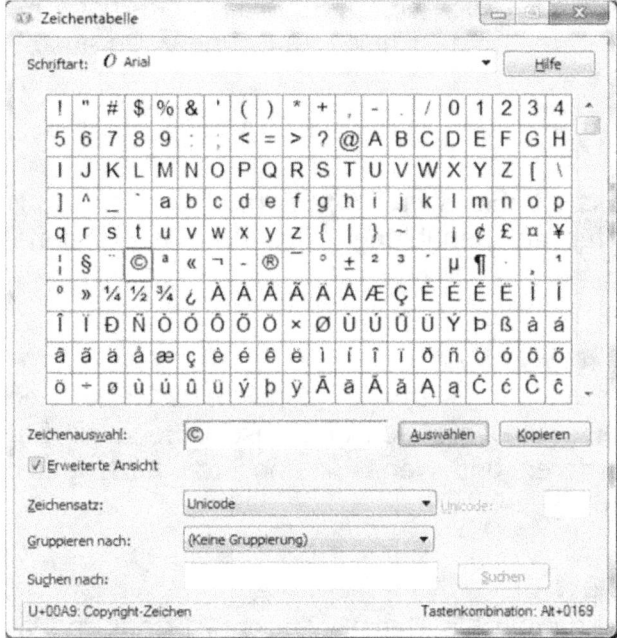

Manchmal benötigt man ein Sonderzeichen und hat keine Ahnung, wie man da ran kommt. Windows bringt bereits ein kleines Programm mit, mit dessen Hilfe Sie jede Art von Sonderzeichen aufspüren können. Sie finden es unter Windows bei **Start/Alle Programme/Zubehör/Systemprogramme/Zeichentabelle**. Dort können Sie in allen Schriftarten nach Ihren Sonderzeichen suchen. Sie können das gewünschte Sonderzeichen kopieren und in Ihrem Titel in Magix Video deluxe wieder einfügen. Dort können Sie es dann auch in Größe und Farbe verändern.

Downloads
Die Startseite für alle Downloads aus diesem Buch lautet:
www.net4web.de/downloads.html
Von dort werden Sie auf eine Seite weiter geleitet, auf der Sie, thematisch sortiert, alle Downloads finden. Alle Downloads sind ausdrücklich kostenlos.

Beispielfilme
Alle Beispielfilme liegen im MP4-Format vor. Dieses Format bietet höchste Bild- und Tonqualität bei gleichzeitig niedriger Dateigröße.

Beispielmusik
Musik, Geräusche und Kommentare liegen im MP3-Format vor. Der Grund ist auch hier die bestmögliche Qualität bei gleichzeitig niedriger Dateigröße. Sie finden dort auch Links zu Internetseiten, bei denen Sie lizenzfreie Musik bekommen.

Beispielbilder

Alle Fotos für die Dia-Show sind in einer Größe von 1280 Pixel Breite bei 40% Qualität gespeichert. Für die Videobearbeitung ist diese Auflösung völlig ausreichend.

Beispielcover

Ich habe zwei Beispielcover gespeichert. Eines im Word-Format und eines als Corel-Draw-Datei. Sie sind beide für die Benutzung eines Amaray-Standard-DVD-Cover geeignet.

Buch-Beispiel-Projekt als DVD

Das Buch-Beispiel-Projekt ist als so genanntes Image gespeichert. Sie können es herunterladen, als Image auf eine DVD brennen und anschließend als Backup in Magix Video deluxe importieren und wenn Sie möchten auch gleich wieder als fertige Film-DVD brennen.

Tipps & Tricks-Datenbank

In meiner Tipps & Tricks Datenbank finden Sie Tipps & Tricks nicht nur zu Magix Video deluxe, sondern auch zu vielen anderen Anwendungen. Die dort gespeicherten Informationen stehen sowohl meinen Lesern, wie auch Kursteilnehmern kostenlos zur Verfügung. In die Tipps & Tricks Datenbank gelangen Sie über meine Homepage **www.net4web.de**. Dort gibt es einen Bereich **Kunden-Login**. Für die Anmeldung benötige ich Ihre Email-Adresse. Schicken Sie mir einfach eine E-Mail an **info@net4web.de**. Ihre Email-Adresse trage ich in die Anmeldedatenbank ein. Ihre Email-Adresse ist dann gleichzeitig Benutzername und Kennwort. Ihre Email-Adresse wird von mir NICHT weitergegeben und Sie werden von mir auch keinerlei Werbemail erhalten, außer, Sie fordern mich explizit dazu auf, Sie in den Newsletter mit aufzunehmen.

Premium-Funktionen

Magix Video deluxe gibt es in verschiedenen Versionen. Oder besser gesagt, mit verschiedenen Ausstattungsmerkmalen. Das Programm selber ist immer das Gleiche. In der Premium-Version z.B. gibt es aber verschiedene Erweiterungsprogramme über die es sich zumindest nach zu denken lohnt. Der Mehrpreis zwischen der Standard-Version von Magix Video deluxe und der Premiumversion ist ja schließlich nicht unbezahlbar.

Vasco da Gama - Animierte Reise-Routen

Wenn man ein Urlaubsvideo macht, sehen die animierten Reiserouten einfach grandios aus. Früher habe ich Landkarten eingescannt und die Reiseroute Bild für Bild selber animiert. Diese Arbeit nimmt Ihnen heute die entsprechende Programmerweiterung ab. Die Möglichkeiten die man damit hat sind einfach toll.

Mercalli

Sie haben sicherlich in dem Buch-Beispiel-Projekt die Szenen mit dem Surfer gesehen. Diese Szenen habe ich bei sehr starkem Wind und voll aufgezogenem Zoom gedreht. Der Wind war so stark, dass ich wirklich wie das sprichwörtliche Blatt im Wind hin und her gewackelt habe. Diese Szenen habe ich durch das, ich nenne es jetzt mal Antiwackelprogramm, Mercalli laufen lassen. Dadurch ist aus einer sehr, sehr wackligen Szene noch was wirklich Brauchbares geworden.

Heroglyph

Heroglyph ist ein Programm um Animierte Titel zu erstellen. Damit sind Titeleffekte möglich, die man mit Magix Video deluxe so nicht erstellen kann. Das Programm ist einfach und intuitiv zu bedienen. Bei der Kompatibilität mit Windows 7 hapert es noch etwas. Ich lasse es daher immer unter Windows XP laufen. Ich denke aber, diese Probleme werden bald beseitigt sein.

Reallusion - iClone

iClone ist etwas für die ganz Kreativen unter uns. Man kann mit dem Programm dreidimensionale Szenarien mit und ohne Avatare erstellen und in die eigenen Filme integrieren. Das ist einfacher als es vielleicht klingt.

Magix 3D Maker

Das Programm erstellt sehr hochwertige Titel in dreidimensionaler Optik. Kennen Sie den Schriftzug von *Jäger des verlorenen Schatzes*?

Adorage

Adorage von ProDAD bietet eine enorme Vielzahl an Blenden aus den verschiedensten Bereichen an. Qualitativ immer herausragend.

Software-Empfehlungen

Magix Video deluxe bietet einen enormen Funktionsumfang. Wenn man ambitionierter Anwender ist, werden einem aber bald sicherlich noch ein paar Funktionen fehlen.

Aus CD mach MP3 (CD-Ex)

Das Programm CD-Ex kann einzelne Lieder oder ganze Musik-CDs in das platzsparende MP3-Format umwandeln. Wenn Sie über eine Internetverbindung verfügen, speichert das Programm gleichzeitig auch Titel, Interpret und Albumname mit ab. **http://cdexos.sourceforge.net/**

Celtx - Drehbuch-Software kostenlos

Wenn Sie mal Szenen geplant und gut vorbereitet drehen wollen, empfehle ich Ihnen die Software Celtx. Damit können Sie alles im Voraus planen und vergessen nichts. **http://www.celtx.com/**

Videoformatwandler

Mit Magix Video deluxe können Sie schon ziemlich viele Videoformate importieren und auch in diese exportieren. Wenn Ihnen das noch nicht reicht, empfehle ich Ihnen das Programm Prism. Es beherrscht auch die Stapelverarbeitung vieler Dateien. Das Programm hat zwar eine englische Benutzeroberfläche, erklärt sich aber von selbst. **http://www.nchsoftware.com/prism/**

VLC-Player

Der VLC-Mediaplayer von Videolan ist ein Programm, dass nahezu jedes Film und Audiomaterial abspielt. Mit VLC können Sie übrigens auch Screenshots aus laufenden Videos machen, wenn Sie mal Fotos für Ihre Cover brauchen.
http://www.videolan.org/

Magix Music Maker

Wenn Sie für kommerzielle Projekte lizenzfreie Musik benötigen, sollten Sie sie selber machen. Sie sind unmusikalisch? Das bin ich auch ☺. Mit dem Music Maker von Magix gelingen Ihnen beeindruckende Arrangements. Die Musik-Downloads für das Buch-Beispiel-Projekt sind alle mit dem Music Maker erstellt. Der Magix Music Maker ist ein kostenpflichtiges Programm.
http://www.magix.de

CDBurnerXP

CDBurnerXP ist ein CD/DVD/Blu-ray-Brennprogramm, das kaum noch Wünsche offen lässt. Es ist einfach zu bedienen, kann viel und kostet nichts. Es ist lauffähig ab Windows XP und auch ohne Einschränkung unter Windows Vista und Windows 7. **http://cdburnerxp.se/**

Crazy Talk

Crazy Talk ist ein Programm, mit dem Sie alles und jeden zum Sprechen bringen können ☺. Ich benutze das Programm schon Mal, wenn ich dem Hund von Freunden ein paar Worte in den Mund legen will. Dabei bewegt sich dann nicht nur der Mund, sondern auch die Augen und die gesamte Mimik können angepasst werden. Crazy Talk ist ein kostenpflichtiges Programm.
http://www.reallusion.com/de/crazytalk/

> Von der Kamera auf die DVD mit Magix Video deluxe

Das Mini-Lexikon der Video-Begriffe

Das kleine Internet-Lexikon ist ein Auszug aus dem Buch **"Das Computer-Lexikon"** **ISBN: 978-3-8370-9923-2** (Siehe Werbung am Buchende). Das Computer-Lexikon umfasst zur Zeit mehr als 1300 Computer-Fachbegriffe.

AAC
Advanced **A**udio **C**oding. Unter MPEG-4 definiertes Audio-Kodierverfahren. AAC erreicht eine höhere Audioqualität und komprimiert effektiver als MP3. Es könnte damit zum Nachfolgestandard von MP3 werden.

Abmischen
Zusammenführen mehrerer Tonsignale bzw. Tonspuren bei der Aufzeichnung, Beschallung, Tonmischung oder Tonbearbeitung.

AddOn
Englisch für "Erweiterung". Zusätzliche Hard- oder Software, um die ursprüngliche Funktionalität bzw. Leistungsfähigkeit zu erweitern.

Alignment
Englische Bezeichnung für "Ausrichtung". In Textverarbeitungsprogrammen, Grafikprogrammen oder HTML-Editoren können Textzeilen, Textabsätze, Linien, Bilder, Tabellen oder andere Objekte ausgerichtet werden. Mögliche Ausrichtungen sind z.B. "rechtsbündig", "linksbündig", "zentriert", "oben", "unten" oder "mitte".

Alphakanal
Ein künstlicher, nicht sichtbarer Farbkanal, der in Video- und Grafikprogrammen für Transparenz- und Überlagerungsfunktionen verwendet wird.

Animated GIF
Eine Variante des GIF-Grafikformats. Mehrere GIF-Einzelbilder werden in einer Datei gespeichert. Die Reihenfolge, Anzeigedauer und Anzahl der Wiederholungen kann vorgegeben werden. Dadurch entsteht eine "filmähnliche" Sequenz.

Antialiasing
Rechnerisches Verfahren zur "Kantenglättung" bei Rastergrafiken und Fonts, um treppenartige Kanten zu entschärfen. Dies erfolgt durch das Errechnen von Farbverläufen zwischen der Objekt- und der Hintergrundfarbe. Eine ursprünglich schwarze Linie auf weißem Grund erhält, z.B. nach einer Drehung oder Vergrößerung, Graustufen im Randbereich. Damit werden harte Kontraste vermieden. Vergleiche auch Moire-Effekt.

AoD
siehe unter Audio-on-Demand.

Von der Kamera auf die DVD mit Magix Video deluxe

Artefakt
Unerwünschter Effekt, wie bzw. Bildstörungen bei Videobildern, oft verursacht durch Wandlungsprobleme digitaler Videosignale.

ASCII
American **S**tandard **C**ode for **I**nformation **I**nterchange ist ein grundlegendes Textformat, das die meisten Computer lesen können. Dieser 7-Bit Code enthält 128 Zeichen (numeriert von 0 bis 127). So fehlen z.B. die deutschen Umlaute "ÄäÖöÜü".
Die erweiterte ASCII-Tabelle enthält 256 Zeichen. Per Tastenkombination [Alt]+[Ziffer] (Eingabe über Ziffernblock) können Zeichen erzeugt werden. Testen Sie mal mit [Alt]+[6] und dann [4] und Sie erhalten das Zeichen "@".

ASF
Das **A**dvanced **S**treaming **F**ormat ist ein Microsoft-Standard für Streaming-Multimedia-Daten. Interaktive Audio- und Video-Daten können damit übertragen werden.
So könnte der Betrachter z.B. zwischen einzelnen Szenen wählen. Die Daten werden nach dem MPEG-4-Standard hochkomprimiert gespeichert. Mit dem Windows-Media-Player lassen sich solche Dateien abspielen. Siehe auch "Streaming Audio und Video"

AU
Von der Firma Sun definiertes **Au**dioformat.

Audio-on-Demand
heißt so viel wie "Audio-Daten (Musik, Sounds) auf Abruf". Bei solchen Diensten kann man Audiodaten anfordern, die dann via Internet auf den eigenen PC übertragen werden (downloaden).
Beispiel: http://www.musicload.de/. Siehe auch Music-on-Demand, vergleiche Books-on-Demand und Video-on-Demand.

Audio-Stream
siehe Streaming-Audio

Ausblenden
Langsames und weiches Verschwinden eines Luminanz- oder Chroma Key-Tricks vor einem Hintergrundbild.

AVCHD
Advanced **V**ideo **C**odec **H**igh **D**efinition. Videocodec auf der Basis von MPEG-4. AVCHD wurde 2006 von Panasonic und Sony für die Aufzeichnung von HDTV-Material im Consumer-Bereich eingeführt, wird aber auch von anderen Herstellern verwendet. AVCHD steht in Konkurrenz zu HDV, das aber auf der Basis des älteren MPEG-2-Verfahrens arbeitet. Die Variante AVCHD Lite kann nur Fernsehnormen mit 720p aufzeichnen, im professionellen Bereich wird AVC-Intra verwendet.

Von der Kamera auf die DVD mit Magix Video deluxe

AVI
Steht für **A**udio **V**ideo **I**nterleaved. Ein Microsoft-Standard für Audio- und Videodaten. Siehe "Plug-In-Test" mit Beispielen.

Bauchbinde
Einblendung einer Schrift im unteren Drittel des Bildschirms.

Bildstabilisator
In Objektiven eingebautes optisch-mechanisches System, bestehend aus beweglichen Prismen, das instabile Kamerabewegungen ausgleicht und das Bild verwacklungsfrei auf die CCD-Chips projiziert. Diese Technik wird vor allem bei Objektiven mit sehr langer Brennweite für Studiokameras eingesetzt, ist aber im Einzelfall auch bei Objektiven für CamCorder verfügbar.

Bitmap
Zerlegt man eine Bilddatei in Zeilen und Spalten, erhält man eine Rastergrafik. Jeder Punkt wird mit seiner Farbinformation als Bitfolge gespeichert. Das gleichnamige Dateiformat (Dateien vom Typ *.BMP) ist im Internet nicht verbreitet, da es keine Kompression erlaubt. Grafiken, im GIF- oder JPEG-Format gespeichert, reduzieren die Datenmenge gewaltig.

Blu-ray Disc
Optisches, beschreibbares Speichermedium. Gegenüber den DVD-Formaten ermöglicht ein ultravioletter Laserstrahl der Wellenlänge von 405 nm, eine noch feinere Datenstruktur zu schreiben, bei der die Spuren enger aneinander liegen und die Pits kürzer sein können. Damit ist eine Blu-ray Disc nicht mehr kompatibel zu herkömmlichen DVD-Playern. Auf einer Seite lassen sich 25 GBytes Daten speichern. Die ebenfalls höhere Videonettodatenrate von bis zu 36 MBits pro Sekunde lässt auch HDTV-Anwendungen zu. Mögliche Videocodecs sind MPEG-2, VC-1 oder MPEG-4. Neben einem PCM-Ton lassen sich viele Surround-Formate, wie z.B. Dolby Digital und DTS speichern. Für die Anwendung in professionellen Kamerarecordern wird eine nicht kompatible Variante, die Professional Disc eingesetzt. Der Name Blu-ray rührt von der blau-violetten Farbe des verwendeten Lasers her. Der Buchstabe „e" wurde in der Namensgebung deshalb weggelassen, damit der Namen patentfähig ist.

BMP
Abkürzung von Bitmap.

Button
Englisch für "Knopf", "Schalter" oder auch Schaltflächen von Programmen, bei denen bestimmte Funktionen ausgeführt werden. Auf Web-Seiten sind Buttons meist mit einem Link verknüpft.

Von der Kamera auf die DVD mit Magix Video deluxe

Cam-Rip (Cam)
Ein Cam-Rip bezeichnet eine illegale Kinofilm-Kopie mit einem handelsüblichen Camcorder. Da die unrechtmäßige Aufnahme direkt in der Kinovorstellung erfolgt weist sie meist nur eine sehr geringe Bild- und Tonqualität auf: Verwackeltes Bild, dumpfer Ton mit Störgeräuschen und sogar der eine oder andere Kopf von Kinobesuchern, die durch das Bild huschen. Somit ist der Cam-Rip, wie er in der Warez-Szene genannt wird, die miserabelste gesetzeswidrige Aufnahmeart von Kinofilmen.

Casting
Auch als Internet-Casting bzw. Online-Casting bezeichnet. Casting heißt im Englischen so viel wie Besetzung. Für Fotomodelle oder (Möchtegern)-Schauspieler bieten mehrere Internet-Agenturen Casting-Dienste an. Mit relativ wenig Aufwand kann die "Setcard" eines Schauspielers mit Angaben zur Person, Hobbys, Referenzen und Bildmaterial digital in Casting-Datenbanken gespeichert werden und damit weltweit via Internet abgerufen werden. Auch für Besetzungsabteilungen von Film- und TV-Produktionen oder die Werbebranche, immer auf der Suche nach neuem "Material", sind solche Dienste interessant. Beispiele: http://www.online-casting.com/

CCD-Chip
Charge Coupled Device. Ladungsgekoppeltes, analoges Bauelement, das aus einer Reihe von Speicherelementen besteht. Bildaufnahmeteil elektronischer CCD-Kameras. Das auf die Chips projizierte Bild wird in eine elektrische Ladung umgesetzt. Der CCD-Chip besteht aus einer definierten Anzahl lichtempfindlicher Elemente, die bei konventioneller Auflösung bis etwa 1.000 Pixel pro Zeile betragen kann, bei HDTV-Chips bis über 2.000 Pixel. Dieser Vorgang wird für jedes Bild, also 25 oder 50 Mal pro Sekunde, wiederholt. Dabei entsteht immer die vollständige Bildinformation aller Pixel eines Bildes. Dies steht jedoch im Gegensatz zur notwendigen, seriellen Bearbeitung der Pixel in der Videotechnik. Für die Umwandlung müssen die Pixel zwischengespeichert werden. Die CCD-Technik erlaubt die Verwendung unterschiedlicher Belichtungszeiten. Weit verbreitet ist eine Chip-Größe von ⅔ Zoll für SD- und HDTV-Kameras, in Einzelfällen sind ½ Zoll-Chips zu finden. Noch kleinere Chip-Größen werden im Consumer-Bereich eingesetzt.

CD-ROM
steht für 'Compact Disc - Read Only Memory'. Optisches Speichermedium, auf dem einmal gespeicherte Daten nicht überschrieben werden können. Eine CD-ROM wird optisch abgetastet und ist somit gegenüber anderen Speichermedien (Schallplatten, Tonband) fast vollkommen verschleißfrei. Die speicherbare Datenmenge beträgt maximal 800 Megabyte (entspricht 90 Minuten Audio). Weitaus höhere Speicherdichte haben DVD, die langsam der alten VHS-Cassette den Rang streitig macht.

Chroma Key
Farbstanze. Bearbeitungseffekt, der zwei Videobilder mit Hilfe eines Stanzsignals kombiniert, das aus einem der beiden Videobilder gewonnen wird. Das klassische Chroma

Von der Kamera auf die DVD mit Magix Video deluxe

Key-Verfahren ändert diejenigen Bildanteile des Vordergrundbildes zu Weiß, die einen bestimmten Farbton – meist Blau oder Grün – aufweisen, alle anderen werden schwarz. Dann werden die weißen Bildteile des Stanzsignals mit dem Bildinhalt des zweiten Videobildes, dem Hintergrundbild, und die schwarzen Bildteile wiederum mit den Bildinhalten des Vordergrundbildes ausgefüllt. Bewegt sich z.B. eine Person vor einem blauen Hintergrund, so wird die Größe, Form und Position des Stanzsignals automatisch verändert. Grundsätzlich kann auch auf andere Farben gestanzt werden.

CMYK
Subtraktives Farbmodell mit den Farben **C**yan, **M**agenta, **Y**ellow, blac**K**. Mit diesen Grundfarben arbeiten auch Farbdrucker. Siehe auch RGB.

Codec
Kürzel für **Co**der/**Dec**oder. Eine Einrichtung zur Wandlung von analogen Signalen in digitale Signale und umgekehrt.

Community
Im Internet versteht man darunter eine (virtuelle) Gemeinde, eine Gemeinschaft oder auch eine bestimmte Gruppe von Internetnutzern. Diese Communities haben ein gemeinsames Thema (Ideen- und Erfahrungsaustausch) bzw. Ziel ("gemeinsam stärker"). Im Videobereich gibt es z.B. die www.videocommunity.de

Compact Flash
Mit Compact Flash wird ein Speichermedium beschrieben. Es ist meistens eine kleine Speicherkarte die z.B. in einer Kamera verwendet wird.

Copy&Paste
Effektives Nutzen der Zwischenablage (nicht nur unter Windows) für Texte und andere Objekte:
Sie markieren etwas, kopieren es in die Zwischenablage ("copy") und fügen es an der gewünschten Position wieder ein ("paste").
Markieren Sie zur Übung diese Textzeilen. Mit der Tastenkombination [Strg]+[C] wird sie in die Zwischenablage kopiert. Starten Sie dann MS-Word oder einen anderen Texteditor und fügen den Text mit [Strg]+[V] wieder ein. Alternativ, aber mit mehr Arbeit verbunden, ist dies auch mit den Menü "Bearbeiten" bzw. "Edit" möglich. Vergleiche Cut&Paste, Drag&Drop.

Copyright
Einige denken, im Internet gilt kein Urheberecht. Dem ist nicht so!
Populärstes Beispiel ist die Diskussion um das Kopieren von MP3-Musik-Dateien.

DirectX
Eine Software-Schnittstelle "API" zur schnellen Ansteuerung von Grafikkarten für Spiele

Von der Kamera auf die DVD mit Magix Video deluxe

oder Multimedia-Anwendungen unter dem Betriebssystem Windows. Außerdem vereinfacht DirectX den Zugriff auf Soundkarte, Netzwerk und Speicher.
Das 'X' im Namen von DirectX fasst mehrere Teilfunktionen zusammen:
Direct3D (Darstellung dreidimensionaler Objekte),
DirectDraw (direktes Schreiben in das Video-RAM),
DirectInput (Unterstützung von Eingabegeräten mit Rückkopplung),
DirectPlay,
DirectSound (Ansteuerung von Soundkarten) und
DirectSound3D (für 3D Audio-Hardware mit Raumeffekten). Siehe auch OpenGL.

Dithering
Reicht die Anzahl der zur Verfügung stehenden Farben nicht aus (z.B. 256 oder nur Schwarz/Weiß), um sanfte Farbverläufe, Graustufen oder bunte Texturen wiederzugeben, werden Pixel mit ähnlicher Farbe nebeneinander angeordnet, um eine Zwischenfarbe vorzutäuschen. Mit diesem Trick kann z.B. ein Schwarz/Weiß-Drucker Graustufen "simulieren".

DivX
DIrect-**V**ideo-e**X**press (gesprochen "Divix") ist ein Format zur Speicherung komprimierter Audio- und Videodaten. Es basiert auf MPEG-4, speichert aber wesentlich kompakter bei zufrieden stellender Qualität. So kann der Inhalt einer DVD (ca. 8GB) auf eine herkömmliche CD-ROM (650MB) im DivX-Format gespeichert werden. Es könnte sich zu einem "Piraten-Format" für Videos entwickeln, ähnlich dem MP3-Format für Audio-Daten.

Dolby Digital
Dolby Digital wurde entwickelt, um Sound von Filmen in einzelnen Spuren wiedergeben zu können. Es entsteht ein Raumklang den kein anderes Aufzeichnungsverfahren bisher erreicht hat. Dolby Digital hat eine höhere Qualität wie Dolby Surround.

Download
Sprich "daunlot". Bei einem Download werden Dateien beliebigen Inhalts von einem Server abgerufen und auf den eigenen Computer übertragen. Im Internet wird hierzu häufig FTP eingesetzt. Diesen Vorgang in der umgekehrten Richtung nennt man Upload.
Testen Sie doch mal http://www.download.com/, suchen Sie sich dort ein schönes Programm aus, und laden Sie es anschließend von einem FTP-Server auf die eigene Festplatte!
Wenn Sie beim Surfen mit der rechten Maustaste z.B. auf ein Bild klicken, bekommen Sie eine Funktion 'speichern unter' angeboten, um dieses Bild auf Ihre Festplatte "downzuloaden" (um nicht zu sagen zu klauen).

dpi
... steht für **d**ots **p**er **i**nch, also (Bild)Punkte pro Zoll (2,54 cm). Je höher der Wert desto höher die Auflösung bzw. Druckqualität von Scannern oder Druckern. Mit 400 dpi lassen

Von der Kamera auf die DVD mit Magix Video deluxe

sich schon brauchbare Bilder scannen bzw. drucken. Gute Drucker schaffen 1200 dpi für Bilder in Fotoqualität.
Wenn Sie brauchbare Bilder für eine Webseite einscannen wollen, reichen sogar schon 75 dpi, denn die Darstellung wird letztlich vom Monitor bestimmt. Außerdem sollte eine Bilddatei möglichst wenig Speicherplatz beanspruchen. Typische Anfängerfehler sind hochauflösende Bilddateien, die auf der Webseite verkleinert eingebunden werden und dennoch lange Übertragungszeiten benötigen, um z.B. eine 500 KB-Datei zu übertragen, die nur in Passbildgröße auf der Seite erscheint.

Drag&Drop
Englisch für "Ziehen und Ablegen (fallen lassen)". Es handelt sich um eine Methode, die von modernen Softwareprodukten unterstützt wird. Probieren Sie es selber mal:

1. Öffnen Sie als Windows-User den Explorer,
2. suchen Sie nach Dateien mit den Endungen *.htm, *.html, *.gif, *.jpg oder *.txt,
3. klicken mit der rechten Maustaste auf eine solche Datei,
4. halten die Datei weiterhin mit rechten Maustaste fest,
   um sie in ein ebenfalls geöffnetes Browser-Fenster zu "ziehen" und sie dann dort "fallen" lassen.
5. Siehe da: Der Browser zeigt den Inhalt dieser Datei an!

Vergleiche auch Copy&Paste bzw. Cut&Paste.

DRM
Steht für **D**igital-**R**ights-**M**anagement. Es handelt sich um Techniken und Methoden zum Schutz von Urheberrechten für digitale Dokumente, wie Bücher (E-Book), Musik oder Software, vor allem dann, wenn über das Internet publiziert und vertrieben wird. Siehe auch Kurs-Seite "Urheberrecht / Copyright".

DVD
Digital **V**ersatile **D**isc (vielseitig einsetzbare digitale Disk), ursprünglich "Digital Video Disc" getauft. Optische Speichertechnologie, die die bisherige CD-ROM als Speichermedium ablösen soll. Die Speicherkapazität beträgt 4.7 Gigabyte, bzw. bis zu 17 Gigabyte (zweiseitig). Zum Vergleich: Die maximale Kapazität einer CD-ROM beträgt 800 Megabyte, was einer Laufzeit von 90 Minuten bei einer Audio-CD entspricht.
DVD-Videos haben eine höhere Bildqualität als VHS-Cassetten, besitzen zudem eine Menüführung und bieten mehrere Audiospuren (mehrere Sprachen) bzw. bis zu 32 wählbare Untertitel.
Oft wird auch Zusatzmaterial wie "The Making of ..", Trailer, Kommentare, Interviews, Bildmaterial oder PC-Spiele auf DVDs geboten.

DVD-R
Nachdem die DVD einen sehr großen Erfolg hatte, wurden die ersten Brenner für den privaten Gebrauch entwickelt. Die ersten Rohlinge waren die DVD-R. Diese konnten

Von der Kamera auf die DVD mit Magix Video deluxe

einmal beschrieben werden. Danach folgten die DVD-RAM, DVD-RW und DVD+RW Formate. Diese konnten mehrfach beschrieben werden.

DVD-Rip
Bei einem DVD-Rip werden die Audio- und Videodateien einer DVD mittels Encoder-Software, welche den Kopierschutz aushebelt, auf die Festplatte übertragen. Oftmals werden die Daten zur leichteren Verbreitung in Warez-Kreisen daraufhin komprimiert. Dabei kommen Containerformate wie AVI und MPEG mit den bevorzugten Codecs DivX, Xvid oder H.264 zum Einsatz.

Farbsystem
Man unterscheidet additive (siehe z.B. RGB) und subtraktive Farbsysteme (siehe z.B. CMYK).

FireWire
FireWire wurde verwendet um Videokameras an einen Fernseher oder Computer anzuschließen. Es wird ein FireWire Anschluss und die dazugehörige Anschlusskarte benötigt um Daten (Videos) übertragen zu können.

Flash
Ein Programm der Firma Macromedia zum Erstellen von vektorbasierten Animationen auf Webseiten. Zum Abspielen ist der Flash-Player als Plug-In nötig. Beispiele finden Sie auf der deutschen Macromedia-Seite: http://www.macromedia.com/de/.Hier gibt es auch das Plug-In als Download. Vergleiche auch "Shockwave" von Macromedia.

Frame
Als Frame bezeichnet man ein einzelnes Vollbild in einer Videoszene.

G2-Player
Von der Firma Real Networks entwickelte Technik (Protokoll), mit der sich Audio und Videodaten in Echtzeit (z.B. Radioprogramm in Stereo oder auch ein Fernsehprogramm) über das Internet übertragen lassen. Kostenloses Download unter http://www.real.com/. Siehe "Streaming Audio und Video".

GIF
Steht für **G**raphics **I**nterchange **F**ormat. Von CompuServe entwickeltes Standard-Format des WWW. Das GIF-Format komprimiert Bilddateien mit einer Farbtiefe von 256 Farben (8 Bit pro Pixel). Komprimierte Dateien entlasten die Netze und erlauben schnellere Übertragungszeiten. Im Gegensatz zum JPEG-Format werden Farbübergänge scharf dargestellt. Interlaced-GIF-Dateien, eine Variante des GIF-Formats, erlauben während des Ladevorgangs schon eine grobe Vorschau. Bei Bilddateien ab dem Format GIF89a (noch eine GIF-Variante) kann eine Farbe als Alphakanal definiert werden, d.h. diese Farbe erscheint transparent. Siehe auch Animated GIF, JPEG, PNG, Rastergrafik.

Von der Kamera auf die DVD mit Magix Video deluxe

GIMP
GNU **I**mage **M**anipulation **P**rogram. Leistungsfähiges Open-Source Bildbearbeitungsprogramm. Internetadresse: http://www.gimp.org/

GUI
Graphical **U**ser **I**nterface, Bezeichnung für grafische Benutzeroberflächen, wie z.B. MS-Windows, im Gegensatz zu kryptischen Benutzeroberflächen wie DOS. Auch Magix Video deluxe hat eine GUI.

H264
MPEG-4 Codec

H323
Ist ein Standard für Audio- und Videokonferenzen. Der H323-Standard wird von vielen gängigen Telefonie- bzw. Konferenz-Anwendungen unterstützt, wie beispielsweise NetMeeting (Microsoft) und Conference (Netscape). Siehe auch "Konferenzen über das Internet".

HDTV
High-**D**efinition **TeleV**ision. Hochauflösendes Fernsehen. Um solch hohe Bildqualitäten als Video-on-Demand-Dienste über das Internet zu übertragen, werden noch höhere Übertagungsgeschwindigkeiten nötig sein. Übliche Videos können komprimiert im MPEG-Format mit 2,048 Mbit/s inklusive Stereo-Sound übertragen werden.

Headset
Ein Headset ist eine Kombination von Kopfhörer und Mikrofon. Es kann z.B. sinnvoll zur Internet-Telefonie verwendet werden. Die Vorteile: Es ist leicht, die Hände sind frei und der Mund ist immer im gleichen Abstand zum Mikrophon, was die Sprachqualität fördert.

herunterladen
(engl. download, sprich "daunlot"). Mit 'herunterladen' meint man das Übertragen einer Datei eines anderen Rechners auf den eigenen PC.

HiColor
steht für eine Farbtiefe von 16 Bit. Pro Bildpunkt (Pixel) können 65.536 unterschiedliche Farben dargestellt werden. Damit werden fotorealistische Darstellungen möglich. Siehe auch TrueColor und Video-RAM.

Highlight
Englisch für "Glanzlicht", "Glanzpunkt", "Höhepunkt". Textbeispiel:
"Als Kursteilnehmer bekommen Sie kostenlosen Zugang zu unserer Internet-Datenbank mit zahlreichen Tipps & Tricks rund um den Computer."

Von der Kamera auf die DVD mit Magix Video deluxe

hochladen
Mit dem Begriff 'hochladen' meint man das Übertragen einer Datei vom eigenen PC auf einen anderen Rechner. Siehe auch Upload als Gegenteil von Download.

interaktiv
Schaltet man einen Fernseher an, so hat man als Zuschauer eine eher passive Rolle. Lediglich auf die Wahl der Sender hat man Einfluss. Das Internet ist ein interaktives Medium. Man muss "sagen", was man sehen will, welche Information man benötigt, nach was man sucht oder was man "online" einkaufen will.

Interaktives Fernsehen
Erweiterung des klassischen Fernsehens um einen Rückkanal zum Sender, beispielsweise per Kabel, Telefonleitung und einer Set-Top-Box. Der Zuschauer kann sich ein individuelles Programm zu jeder Zeit interaktiv zusammenzustellen, bzw. individuell in den Programmverlauf, der darauf flexibel reagieren kann, eingreifen oder mitwirken.

Interface
Englisch für "Schnittstelle". Z.B. serielle Schnittstelle eines Computers zum Anschluss einer Maus oder Modem, USB-Schnittstelle (früher parallele Schnittstelle) für Drucker oder Scanner. Neben diesen Hardware-Schnittstellen gibt es auch Software-Schnittstellen, die z.B. Daten zwischen nicht-kompatibeln Systemen austauschen.

Interlaced-GIF
Interlaced-GIF-Dateien können schon während des Ladevorgangs eine grobe Vorschau der Bilddatei geben, bis das Bild komplett übertragen ist. Siehe auch Progressive-JPEG.

JPEG
Steht für **J**oint **P**hotographic **E**xperts **G**roup Format und wird "tschai-päck" gesprochen. Standard-Format für fotorealistische Bilder. Das JPEG-Format komprimiert Bilddateien bis zu einer Farbtiefe von 16 777216 Farben (24 Bit pro Pixel). Komprimierte Dateien entlasten die Netze und erlauben schnellere Übertragungszeiten. Das JPEG-Format eignet sich besonders zum Speichern von fotorealistischen Bildern mit vielen Farbnuancen. Dabei werden visuell nicht wahrnehmbare Datenverluste bewusst in Kauf genommen, um hohe Kompressionsraten zu erzielen. Gescannte Fotos oder Bilder von digitalen Kameras werden häufig im JPEG-Format gespeichert. Siehe auch Progressive JPEG, GIF, PNG und TIFF.

JPG
siehe JPEG

Kompression
Mit verschiedenen Kompressionsverfahren lässt sich das Datenvolumen bei gleichem Informationsgehalt reduzieren:

Von der Kamera auf die DVD mit Magix Video deluxe

- Bekannt ist das ZIP-Format, mit dem häufig im Internet Shareware-Programme angeboten werden,
- Modems arbeiten mit Protokollen, die Daten komprimiert übertragen,
- für Grafiken werden oft die Formate GIF oder JPEG verwendet,
- für Videodaten z.B. das MPEG-Format.

Die Datenreduzierung ist von der Art der Datei abhängig. Eine BMP-Bilddatei lässt sich als GIF-Datei speichern, wobei mit einer Reduzierung um mindestens Faktor drei gerechnet werden kann. Für Textdateien liegt dieser Faktor noch höher. Mit Hilfe von Kompressionsverfahren spart man Übertragungszeit, Speicherplatz und letztlich auch Geld. Bei einer verlustfreien Kompression geht keinerlei Information verloren. Bei einer verlustbehafteten Kompression wird ein gewisser "Schwund" in Kauf genommen. Dies kann toleriert werden, wenn z.B. für Ton- oder Bilddaten der Verlust nicht wahrnehmbar ist.

MIDI
Steht für **M**usical **I**nstrumental **D**igital **I**nterface. Standard zur Speicherung elektronischer Musik. Solche Dateien haben den Dateityp .MID oder .MIDI. Dabei werden verschiedene elektronische Instrumente z.B. von einer Sound-Karte generiert. Die MIDI-Daten geben dann vor, welcher Ton von welchem Instrument wie lange in welcher Frequenz (Höhe) und Lautstärke gespielt werden soll. MIDI-Dateien sind im Gegensatz zu sonstigen Sound-Dateien sehr klein. Die Wiedergabequalität ist von der Sound-Karte abhängig.

MNG
Das **M**ultiple-Image **N**etwork **G**raphics Format basiert auf dem PNG-Format und erlaubt Animationen (bewegte Bilder), ähnlich dem Animated GIF-Format. Es wird vom W3C empfohlen, kann aber derzeit noch nicht von allen Browsern verarbeitet werden. Die Zukunft wird zeigen, ob sich dieses Format durchsetzen wird.

MoD
Siehe unter Music-on-Demand.

Moiré-Effekt
Gerade beim Scannen von bereits gerasterten Vorlagen kann es durch Überlagerungseffekte zu typischen Störmustern, den Moirémustern, kommen.
Abhilfe: Vorlage mit Filterfunktionen von Bildbearbeitungssoftware "weichzeichnen" oder "entrastern", bzw. mit höherer Auflösung scannen. Vergleiche auch Antialiasing.

Morphing
Animierte Überblendung zwischen zwei oder mehreren Bildern. Wird auch oft in Videoclips oder für Werbezwecke eingesetzt.

MP3
MP3 steht für **MPEG** 1 layer **3** (MPEG = Motion Picture Experts Group). Wenn Sie Da-

Von der Kamera auf die DVD mit Magix Video deluxe

teien mit dieser Endung sehen (*.mp3) wird es eine Audio-Datei sein. MP3 ist ein verlustbehaftetes Kompressions-Verfahren. Auf einer Audio-CD werden circa 11 MB für eine Minute Musik benötigt. MP3 kommt mit etwa 1 MB aus, ohne dass ein Qualitätsverlust wahrnehmbar ist. Auf einer CD-ROM mit 650 MB Speicherkapazität könnten über 13 Stunden Audio in quasi CD-Qualität untergebracht werden. Damit eignet sich dieses Format auch für die Übertragung von Audio-Dateien im Internet. Die Musikkonzerne fürchten jetzt um ihre Umsätze. Da das MP3-Format völlige Kopierfreiheit bietet, arbeiten sie an neuen Software-Standards, die nur eine begrenzte Anzahl von Kopien ermöglicht. Auch mit "digitalen Wasserzeichen" will man gegen die Musikpiraterie vorgehen. Da fragt sich die Internet-Gemeinde: Warum wieder was neues, wenn man mit MP3 doch schon zufrieden ist?
Demos, Infos, Software und vieles mehr bietet der deutsche MP3-InfoServer unter http://www.mp3.de/. Lizenzfreie Klänge für Musik, Film, und Multimedia-Anwendungen in guter MP3-Qualität finden Sie bei: http://www.tonarchiv.de/.

MP3-Player
Audio-Dateien im MP3-Format können auf einem PC mit Soundkarte und einer **MP3-Player-Software** abgespielt werden.
Hier sehen Sie WINAMP im Einsatz. Dieser leistungsfähige und beliebte Player kann nicht nur MP3-Dateien spielen. Er verwandelt den PC in eine Stereoanlage. Downloadmöglichkeit unter http://www.winamp.com/.
Winzig sind tragbare **MP3-Hardware-Player** die "nebenbei" auch als Wechseldatenträger genutzt werden können, um z.B. Daten von einem PC auf einen anderen zu kopieren.
Ein Player mit 128 MB Speicher für Daten und/oder MP3-Dateien kostete im Sommer 2003 weniger als 100 Euro. Das reicht für 2 Stunden Musik in annähernder CD-Qualität. Mit einem ebenfalls eingebauten Mikrofon kann man bis zu 500 Minuten Sprache (Diktierfunktion) aufzeichnen. Über eine USB-Schnittstelle ist er leicht an einen PC anschließbar.
Für den besser gefüllten Geldbeutel gibt es tragbare MP-Player mit Mini-Festplatten. Auf 20 GB passen dann circa 330 Stunden Musik bzw. 5000 Musiktitel. Das reicht dann für die ganze Plattensammlung.

MPEG
Steht für **M**otion **P**icture **E**xperts **G**roup. Standard zur Speicherung komprimierter Audio- und Videodaten. Solche Dateien haben den Dateityp .MPG oder .MPEG. Mit einem entsprechenden Plug-In ist ein Browser in der Lage, solche Dateien "abzuspielen". Siehe auch AVI und QuickTime.

MPEG-4
ist ein Format für Multimedia-Anwendungen (interaktive Audio- und Video-Daten) mit sehr hohen Kompressionsraten. So kann z.B. auf einzelne Objekte (Szenen) zugegriffen werden, d.h. interaktive Anwendungen sind möglich. Einige digitale Video-Kameras arbeiten bereits mit diesem Standard. Siehe auch ASF und DivX.

Von der Kamera auf die DVD mit Magix Video deluxe

MS Audio 4.0
Ursprüngliche Bezeichnung eines neuen Audio-Formats von Microsoft. Wurde aber mittlerweile unter dem Namen **W**indows **M**edia **A**udio (siehe unter WMA) eingeführt.

Multimedia
Die Kombination und die Benutzung von verschiedenen Medien wie Text, Grafik, Klang (Sounds), 3-D Objekte oder Video in einem Dokument. Ein interaktiver Dialog ist möglich.

Music-on-Demand
heißt so viel wie "Musik auf Abruf". Bei solchen Diensten kann man Musiktitel bei einer "digitalen Audiothek" anfordern. Die gewünschten Titel werden dann via Internet auf den eigenen PC übertragen. Beispiel: http://musicload.de/. Siehe auch Audio-on-Demand, vergleiche auch Books-on-Demand und Video-on-Demand.

OGG
Dateiendung von Ogg Vorbis Audio-Dateien.

Ogg Vorbis
ist ähnlich dem MP3-Standard ein offenes, nicht-proprietäres und patentfreies Kompressionsformat für Audio-Daten. Solche Dateien erkennt man an der Endung .ogg

on-demand
Englisch für "auf Befehl", "auf Abruf". Wird gerne bei der Namesgebung von Produkten und Dienstleistungen verwendet. Siehe Audio-on-Demand, Books-on-Demand, Internet-on-Demand, Music-on-Demand oder Video-on-Demand.

OpenGL
Open Graphic **L**anguage wird häufig zur Programmierung von interaktiver 3D-Grafik und Animationen eingesetzt und ist für viele Plattformen (Betriebssysteme) verfügbar. Siehe auch DirectX.

PAL
Phase **A**lternate **L**ine. Fernsehnorm in Deutschland und Westeuropa, außer Frankreich. Siehe auch NTSC, SECAM.

Palette
Farbpalette einer Rastergrafik. Siehe auch CLUT.

Performance
Könnte man mit "Leistungsfähigkeit" übersetzen. Die "Performance" eines PC hängt zunächst von der Taktgeschwindigkeit des Prozessors ab. Je mehr Operationen innerhalb einer bestimmten Zeit durchgeführt werden können, desto zügiger läuft auch die

Von der Kamera auf die DVD mit Magix Video deluxe

Anwendung. Natürlich sind andere Komponenten wie Bussystem, Festplatte oder Grafikkarte auch mitentscheidend. Zwischen der objektiv messbaren Performance und der empfundenen Leistung eines Rechners muss kein direkter Zusammenhang bestehen.

PICT
Grafikformat für Macintosh-Rechner. Neben Rastergrafiken können auch Kommandos für Vektorgrafiken enthalten sein. Siehe auch CGM, EMF, EPS und WMF.

Pixel
Ein Pixel ist ein Bildpunkt bzw. Bildelement. Ein Computerbild setzt sich aus einer Vielzahl von farbigen bzw. schwarzen und weißen Pixeln zusammen. Siehe auch Rastergrafik.

PNG
Das **P**ortable **N**etwork **G**raphics-Format soll der Nachfolger des GIF-Formats werden. PNG unterstützt 16 Mio. Farben, Transparenz, verlustfreie Kompression, inkrementelle Anzeige der Grafik (erst Grobstruktur, bis Datei ganz übertragen ist) und das Erkennen beschädigter Dateien. Außerdem kann das PNG-Format, im Gegensatz zum GIF-Format, lizenzfrei verwendet werden. Der Netscape Navigator ab Version 4.04 bzw. der Microsoft Internet Explorer ab Version 4.0b1 unterstützen das PNG-Format. Siehe auch GIF, JPEG, und TIFF.

Preview
Eine Funktion zur Vorausschau, um sich z.B. das Ergebnis vor der Fertigstellung anzuschauen.

Progressive-JPEG
Ähnlich wie beim Interlaced-GIF-Format werden Progressive JPEGs in aufeinanderfolgenden Schritten aufgebaut, wodurch sich die Qualität des Bildes während des Ladevorgangs fortlaufend erhöht.

RA
Dateityp einer **R**eal-**A**udio-Datei.
Zum Abspielen ist als Plug-In der RealPlayer erforderlich.

Rastergrafik
Eine Rastergrafik setzt sich im Gegensatz zu Vektorgrafiken aus vielen Bildpunkten (Pixeln) zusammen, die in einem festen Raster angeordnet sind. Je nachdem, wie viele verschiedene Farbwerte ein einzelner Pixel annehmen kann, unterscheiden sich die folgenden Varianten:

Von der Kamera auf die DVD mit Magix Video deluxe

Bits/Pixel	Farben	Bezeichnung
1	2	Schwarz/Weiß
4	16	Windows Standard
8	256	z.B. Palettengrafik (GIF-Dateien mit CLUT)
16	65536	HiColor
24	16 Mio.	TrueColor
32	16 Mio.	TrueColor mit zusätzlichem Alphakanal
32	16 Mio.	CMYK (PC-Drucker, Offset-Druck)

Ray-Tracing
Aufwendige Schattierung mit sehr realistischen Ergebnissen, wobei der Weg von Lichtstrahlen durch eine dreidimensionale Szene verfolgt wird. Siehe auch Rendering.

RealAudio
Von der Firma Progressive Networks entwickeltes Protokoll, mit dem sich Audio- oder Videodaten in Echtzeit über das Internet übertragen lassen.

RealVideo
Von der Firma Progressive Networks entwickeltes Protokoll bzw. Server-Software, mit dem sich Videodaten in Echtzeit (z.B. ein Fernsehprogramm) über das Internet übertragen lassen. Auf der Anwenderseite (Client) können die Inhalte vom RealPlayer dargestellt werden. Konkurrenzprodukt ist Microsoft´s NetShow.

Rendering
Rendering ist die Wiedergabe einer dreidimensionalen Darstellung unter Berücksichtigung aller Lichtquellen unter Verwendung von verschiedenen Schattierungsverfahren. Siehe auch Ray-Tracing.

RGB
Additives Farbmodell aus den Farben **R**ot, **G**rün und **B**lau. Wird z.B. für Fernseh- und Computer-Bildschirme verwendet. Wie bei drei sich kreuzenden Scheinwerfern in den Grundfarben Rot, Grün und Blau, "addiert" sich Weiß aus allen drei Farben. Siehe auch CMYK und Rastergrafik.

Screenshot
Bild oder Teilausschnitt eines Computer-Bildschirms als Momentaufnahme. In Handbüchern von PC-Programmen werden solche Schnappschüsse oft verwendet, da sie anschaulicher sind, als nur erklärender Text.

Set
Drehort der oft auch schon mit Dekoration und Beleuchtung ausgestattet ist.

Von der Kamera auf die DVD mit Magix Video deluxe

Split Screen
Meist vertikal oder horizontal geteiltes Bild.

Storyboard
Präzises Drehbuch, das einzelne Szenen bis hin zu einzelnen Bildern zum Teil sehr detailliert und oft mit Skizzen oder Fotos beschreibt. Erforderlich ist ein Storyboard stets dann, wenn z.B. bereits vor oder während der Aufnahme Festlegungen im Hinblick auf spätere Effekte in der Bearbeitung getroffen werden müssen.

Streaming-Audio
Ein Audio-Format, das es ermöglicht, schon während der Übertragung abgespielt zu werden. Dadurch werden z.B. Übertragung von Radio-Sendungen möglich. Bei "normalen Audios" wird erst die Datei komplett übertragen und dann gestartet.

Streaming-Video
Ein Video-Format, das es ermöglicht, schon während der Übertragung abgespielt zu werden. Dadurch werden Liveübertragungen von Videos möglich. Bei "normalen Videos" wird erst die Datei komplett übertragen und dann gestartet.

SVG
... steht für **S**calable **V**ector **G**raphics. Es ist eine Sprache zur Erzeugung von zweidimensionalen skalierbaren Vektorgrafiken, die drei unterschiedliche Grafikobjekte enthalten können: Vektorgrafiken (z.B. Kurven, Kreise, Linien, Rechtecke), Raster-Grafiken und Textbausteine. Eine SVG-Datei besitzt die Endung *.svg bzw. in gepackter Form *.svgz.

SWF
Shock**W**ave **F**lash (auch "**S**mall **W**eb **F**ormat"). Platzsparendes Vektor-Grafik-Format der Firma Macromedia für animierte Web-Seiten.

Szene
Zusammen gehörender Teil einer Handlung, der in der Regel aus mehreren Takes besteht.

Take
Nicht unterbrochene Sequenz einer Aufnahme, auch Einstellung genannt.

TIFF
Das **T**agged **I**mage **F**ile **F**ormat ist ein Dateiformat für Rastergrafiken. Verschiedene Formatierungen (Tags) erlauben es Anwendungen, Teile der Grafik zu verarbeiten oder zu ignorieren. Siehe auch GIF, JPEG und PNG.

Timeline
Horizontale Darstellung einer Zeitachse, auf der aufeinander folgende Takes für Bild und

Von der Kamera auf die DVD mit Magix Video deluxe

Ton angezeigt werden. Dabei sind die Takes in Form von Blöcken in einer entsprechenden Spur zu sehen. Je nach Programm gibt es eine oder mehrere Video- oder Audiospuren, die übereinander dargestellt sind. Die Takes können mit dem Mauszeiger angefasst und entsprechend der Schnittreihenfolge verschoben, verkürzt (geschnitten), verlängert oder in andere Spuren verschoben werden.

Transparenz
Mit einigen Grafik-Formaten (GIF, PNG) lassen sich Grafiken oder Bilder transparent darstellen.

TrueColor
Grafikdateien oder Bildschirmanzeigen mit einer Farbtiefe von 256x256x256 Farben (für die Grundfarben Rot, Grün und Blau, d.h. RGB) pro Bildpunkt. Vergleiche auch HiColor und Video-RAM.

TrueTypeFont
Von Adobe entwickelte Technik, um Schriften (Fonts) als Vektor-Format zu definieren bzw. zu speichern. Solche Fonts sind skalierbar, d.h. Sie können auf eine beliebige Größe eingestellt werden. Unter Windows erkennt man solche Font-Dateien am Dateityp ".TTF". Vergleiche auch Type1. Auch auf Internetseiten werden TrueTypeFonts unterstützt, sofern das Betriebssystem des Web-Seiten-Autors und das des Lesers diese Fonts installiert hat. Ansonsten werden ähnliche oder die eingestellten Standardfonts verwendet:
TrueTypeFont: Arial
TrueTypeFont: Windsor
TrueTypeFont: Brush Script MT
TrueTypeFont: Britannic Bold
Unter http://www.font-world.de/ oder http://www.fontmagic.com/ können Sie jede Menge TrueTypeFonts downloaden.

TTF
Siehe unter TrueTypeFont.

Upgrade
Bedeutet soviel wie "Aufrüsten". Bei einem Upgrade handelt es sich, im Gegensatz zum Update, nicht um eine komplette Aktualisierung einer Programmversion. Auf diese Art und Weise werden häufig Programmfehler bereinigt, indem z.B. einzelne Dateien ausgetauscht werden. 'Upgrade' hört sich halt besser an als 'Fehlerkorrektur'. Auch bei der Hardware spricht man von einem Upgrade, wenn man z.B. den Prozessor gegen einen leistungsfähigeren austauscht.

Upload
Bei einem Upload werden Dateien beliebigen Inhalts vom eigenen Computer auf einen

Von der Kamera auf die DVD mit Magix Video deluxe

Server übertragen ("Hinaufladen"). Im Internet wird hierzu häufig FTP eingesetzt. Diesen Vorgang in der umgekehrten Richtung nennt man Download.

USB
Der **U**niversal **S**erial **B**us ist ein Standard der Firma Intel. Zusatzgeräte wie Tastatur, Maus oder Modem können preiswert und mit geringem Leitungsaufwand am PC angeschlossen werden. Die "alte" Spezifikation USB-1.0 steuert bis zu 127 Geräte mit einer Übertragungsgeschwindigkeit von 12 Mbps an. Bei der neuen "Hi-Speed" Spezifikation USB-2.0 erhöht sich die maximale Übertragungsgeschwindigkeit auf 480 MBits/s, also um den Faktor 40 gegenüber USB-1.
Das bedeutet in der Praxis, dass die Übertragung der Bilder einer Digitalkamera oder die Verbindung zu einer externen USB-Festplatte spürbar schneller gegenüber USB-1 ist, wenn alle beteiligten Geräte USB-2 unterstützen.

VDO
Videoformat zur Live-Übertragung von Videos. Bei diesem Streaming-Video-Format werden Bild und Ton schon während der Übertragung abgespielt. Hierzu wird das spezielle VDOLive-Protokoll genutzt. Abspielbar sind solche Dateien mit dem VDOLive-Player.

VDOLive
Bekanntes Plug-In zur Live-Übertragung von Videos. Hierzu wird das spezielle VDOlive-Protokoll genutzt.

Vektorgrafik
Eine Vektorgrafik beschreibt ein Bild als Folge geometrischer Objekte. Diese Objekte (z.B. Linie, Kreis, Spline, Overlay) haben Eigenschaften (Position, Farbe, Anordnung). Vektorgrafiken lassen sich besser auf verschiedene Ausgabemedien anpassen als Rastergrafiken. Sie eignen sich aber nicht für Fotografien. Siehe auch CGM, EPS, EMF und WMF.

VfW
Video **f**or **W**indows ist eine frei verfügbare Software, mit der AVI-Dateien auf Windows-PC abgespielt werden können.

Video-on-Demand (VOD)
heißt so viel wie "Video auf Abruf". Wenn irgendwann einmal ausreichende Leitungskapazitäten mit hohen Übertragungsgeschwindigkeiten zur Verfügung stehen, wäre folgendes Szenario möglich: Sie bestellen über das Internet Ihren Wunschfilm bei einer "digitalen Videothek". Dann erfolgt die Übertragung des Videos über das Internet oder auch über Satellit auf einen dafür tauglichen PC oder einem Fernseher mit einer entsprechenden Set-Top-Box. Während der Übertragung kann der Film beliebig angehalten, vor- und zurückgespult, einzelne Passagen übersprungen oder wiederholt werden. Siehe auch interaktives Fernsehen und Audio-on-Demand und Books-on-Demand.

Von der Kamera auf die DVD mit Magix Video deluxe

Video-RAM
Speicher auf Grafikkarten, der die am Bildschirm dargestellten Daten enthält. Von der Größe des installierten Video-RAMs hängt die Auflösung (in Tabelle als Pixel-horizontal*Pixel-vertikal angegeben) und die Anzahl der darstellbaren Farben ab: Natürlich muss der angeschlossene Monitor die Fähigkeiten der Grafikkarte unterstützen. Siehe auch Rastergrafik.

Video-Stream
siehe Streaming-Video

Videobearbeitung
Genau wie bei der Bildbearbeitung werden bei der Videobearbeitung Videofilme geschnitten, verändert und bearbeitet. Ziel ist es einen idealen Film mit Übergängen und Sequenzen darzustellen. Videos zu bearbeiten kann deutlich schwieriger werden die die Bearbeitung von Fotos.

Video Capturing
Der Begriff Video Capturing ist im Grunde nichts anderes wie das Übertragen von Videodaten auf einen Computer. Das Video Capturing ist einfach erklärt die Übertragung auf ein digitales Medium.

Video Grabbing
Beim Video Grabbing werden Filme digitalisiert. Um diese Filme digitalisiert darstellen zu können, wird eine Videokarte benötigt.

Videokonferenz
Über Kamera(s) und Bildschirm(e) werden die Konferenzteilnehmer für alle jederzeit sicht- und hörbar zusammengeschaltet. Für professionelle Videokonferenzen ist eine ISDN Verbindung mit geeigneter Hard- und Software Grundvoraussetzung. Mit Hilfe von Videokonferenzen können Reisezeit und Reisekosten eingespart werden, was gerade für weltweit operierende Konzerne von Vorteil ist.
Einige Plug-Ins, wie "CU-SeeMe", bringen selbst bei einer Modemverbindung über die Telefonleitung brauchbare Bilder auf den Monitor. Größere Auflösungen und flüssige Bildfolgen benötigen allerdings eine DSL-Verbindung. Geeignete Programme wären z.B. Skype (www.skype.de) oder MSN (www.msn.de).

Viewer
Ein Programm, das es Ihnen ermöglicht, eine bestimmte Art von Daten von Text-, Video- oder Grafik-Formaten darzustellen. Solche Viewer erweitern oft als Plug-Ins die Fähigkeiten des Browsers.

VOD
Siehe unter Video-on-Demand.

Von der Kamera auf die DVD mit Magix Video deluxe

WMA
Windows **M**edia **A**udio ist ein Microsoft-eigener Standard für digitale Musik, erkennbar an der Dateiendung 'wma'. Es bietet eine gute Tonqualität bei einer hohen Datenkompression und beinhaltet (im Gegensatz zu MP3) gleichzeitig einen Kopierschutz gemäß SDMI, der durch die Windows-Media-Digital-Rights-Management-Technologie (DRM) gewährleistet ist. Doch kurz nach der Vorstellung im August 1999 dieses Formats konnte es indirekt schon geknackt werden! Eigentlich ganz einfach: Da der Sound der kopiergeschützen Datei ja irgendwann einmal über eine Soundkarte gehen muß, kann man den Datenstrom abfangen und dabei in einem anderen Format (z.B. MP3 oder WAV) ohne Kopierschutz speichern. WMA ist "streaming"-fähig und wird vom Windows Media-Player unterstützt.

WMF
Windows **M**etafile ist ein Dateiformat für Vektorgrafiken. Es besteht aus Zeichenkommandos, die vom Grafiksystem der 16-Bit Windows-Versionen umgesetzt werden. WMF-Dateien können auch Kommandos zum Anzeigen von Rastergrafiken enthalten. Siehe auch CGM, EPS, EMF und PICT.

WMV
Windows **M**edia **V**ideo ist ein Microsoft-eigener Standard für digitale Videos, erkennbar an der Dateiendung 'wmv'. Es bietet eine gute Ton- und Bildqualität bei einer hohen Datenkompression und beinhaltet gleichzeitig einen Kopierschutz gemäß SDMI, der durch die Windows-Media-Digital-Rights-Management-Technologie (DRM) gewährleistet ist. WMV ist "streaming"-fähig und wird vom Windows Media-Player unterstützt.

100-Hz-Technik
Bei LC-Displays werden mit der 100-Hz-Technik Zwischenphasen der Bewegung berechnet, die im ausgesendeten Signal nicht enthalten waren. Damit erhöht sich die Bewegtbildauflösung, was aber nicht immer erwünscht ist. So egalisiert sich der im Kino typische Shutter-Effekt, für viele ein wichtiger Bestandteil des Filmlooks. Gleichzeitig kann es zu unerwünschter Kantenbildung kontrastreicher Bildteile kommen. Bei Fernsehgeräten mit Bildröhren dient die 100-Hz-Technik zur Vermeidung des Großflächenflimmerns. Da helle Bilder auch bei einer Übertragung von 50 Halbbildern pro Sekunde, wie beim Zeilensprungverfahren üblich, noch flimmern, wird jedes Halbbild gespeichert und innerhalb einer 1/50 Sekunde zweimal wiedergegeben. Dadurch steigt die Bildwechselfrequenz auf 100 Hz, die Bewegtbildauflösung bleibt jedoch unverändert. Gleichzeitig kann es jedoch zu bewegungsabhängigem Bildrauschen und zu ruckelnden Bewegungen, z.B. bei Kriechtiteln kommen.

1080p
Beschreibung verschiedener HDTV-Normen nach dem HD-CIF-Standard. Darin ist nur eine Aussage über die Auflösung von 1080 Zeilen und über das progressive Abtastformat, nicht jedoch über die Bildwechselfrequenz enthalten.

Von der Kamera auf die DVD mit Magix Video deluxe

16:9
Bildseitenverhältnis von Breite zu Höhe des Breitbildfernsehens und von HDTV. Identisch mit der Angabe von 1,78:1. Als alleinige Angabe nicht eindeutiger Begriff für das 16:9-Vollformat.

3-CCD-Kamera
Prinzip professioneller, elektronischer Kameras, bei dem das über das Objektiv einfallende Licht mit einem Prisma in die drei Farbauszüge zerlegt wird. Die dahinter angeordneten drei analogen CCD-Chips haben eine Auflösung von bis zu 600.000 Aufnahmeelementen in SDTV- bzw. von bis zu 2.300.000 Aufnahmeelementen in HDTV-Kameras für jeden der Farbkanäle Rot, Blau und Grün. Die Menge der Aufnahmeelemente ist in der Regel größer als die Auflösung der jeweilgen Fernsehnorm. Je mehr Aufnahmeelemente existieren, desto weniger Detail muss dem Videosignal zugegeben werden und desto natürlicher wirkt es.

4:2:2
Beschreibt das Verhältnis zwischen der Abtastfrequenz bzw. der Auflösung des Luminanzsignals und der der beiden Farbdifferenzsignale. Bei HDTV mit 1080 Zeilen handelt es sich dann konkret um 1920 Pixel x 1080 Zeilen für das Luminanzsignal, 960 Pixel x 1080 Zeilen für die Farbdifferenzsignale, z.B. beim HDCAM SR-Format. Für die HDTV-Normen mit 720 Zeilen sind die Verhältnisse wieder anders: Die Ziffer 4 beschreibt dort 1280 Pixel x 720 Zeilen für das Luminanzsignal, die ebenfalls mit 640 Pixel x 720 Zeilen für die Farbdifferenzsignale.

Glossar

3

3D 9, 58, 123, 146, 154, 161

A

AB-Schaltfläche 39, 68, 83
Aufnahme 5, 17, 18, 19, 26, 29, 30, 103, 104, 105, 106, 152, 164
Aufnehmen 5, 12, 17, 18, 19, 24, 26
Aussteuerung 104
AVI 24, 90, 151, 156, 160, 166

B

Backup 8, 135, 136, 137, 145
Bearbeiten 6, 12, 19, 37, 119, 126, 153
Bearbeitung 17
Beispielcover 9, 145
Beispielfilme 9, 144
Beispielmusik 9, 144
Blenden 7, 19, 39, 49, 64, 66, 68, 69, 75, 79, 92, 146
Bluebox 25
Blu-ray 19, 72
Brennen .. 5, 8, 12, 17, 19, 27, 112, 115, 116, 127, 130, 131, 133, 137

C

Camcorder 24, 152
Cardreader 24
Card-Reader 13
Codec 30, 150, 153

D

Dia-Show 7, 20, 64, 72, 77, 78, 115, 129, 145
Downloads 21

DVD 2, 3, 5, 8, 9, 11, 13, 14, 17, 19, 20, 24, 26, 27, 28, 31, 40, 45, 46, 47, 72, 90, 107, 112, 114, 115, 116, 118, 119, 121, 122, 123, 124, 126, 127, 128, 129, 130, 131, 132, 133, 135, 137, 145, 148, 151, 152, 154, 155, 156
DVD-Menü .. 19, 20, 118, 121, 122, 123, 124, 126
DV-Kameras 29

E

Effekte .. 2, 7, 19, 27, 41, 45, 55, 66, 68, 69, 70, 86, 111, 123
Eigene Dateien 14
Eigene Videos 14
Einzelbild 43
Entf-Taste 53, 54, 77, 111
Extras 7, 20, 47, 78, 115, 120, 129

F

Filme löschen 6, 48
Firewire 29
Frame 43, 156
Framegrabber 25
FullHD 20, 26

G

GEMA 89
Geräusche . 5, 8, 25, 27, 89, 91, 99, 102
Greenbox 25
Großschreibtaste 55, 80, 82, 84
Groupmodus 121, 126
Gruppierung .. 6, 55, 84, 85, 92, 99, 100
Gruppierung lösen 85, 92

H

Hauptfilm 20, 28, 47, 107, 115, 116, 117, 120
HD1080 .... 2, 14, 26, 127, 131
Helligkeit 69, 174
Hintergrundmusik 13, 20, 64, 72, 78, 91, 94, 96

I

Import 18, 30, 37, 72, 73, 92, 101, 102, 103
Importieren 17

K

Kapitelmarker. 8, 20, 28, 112, 113, 114, 115, 116
Kartenleser .... 24, *Siehe* Card-Reader
Kommentare 2, 5, 8, 20, 27, 28, 46, 47, 89, 91, 95, 96, 98, 103, 104, 106, 107, 115, 144, 155
kopieren 5, 13, 21, 24, 27, 108, 109, 135, 137, 141, 142, 144, 153, 160
Kreuzblenden 79

L

Lautstärke 8, 91, 92, 93, 94, 95, 97, 98, 101, 105, 159
Lautstärkekurven 8, 94

M

Magnet 54, 122
Magnetsymbol 82
Marker 6, 44, 45, 112, 113, 114, 115
Markierung 81, 84, 142
Mikrofon 91, 95, 103, 104, 105, 157, 160
Miniaturansicht 15, 68

MP3 9, 24, 90, 102, 103, 144, 147, 149, 153, 154, 159, 160, 161, 167
Musik 5, 8, 19, 20, 21, 24, 25, 27, 55, 56, 60, 72, 89, 90, 98, 101, 102, 110, 111, 133, 144, 147, 150, 153, 155, 159, 160, 161, 167
MVP 22, 34

N

Normalisieren 96, 98

O

OGG 24, 161
Originalton 11, 20, 25, 41, 50, 86, 89, 94, 95, 96, 98
Outtakes 8, 20, 28, 46, 47, 107, 108, 109, 110, 111, 115

P

Pegel 95, 98, 104, 105
Piktogramm 35
Premium-Funktionen 9, 145
Programmstart 5, 21, 22
Projekt 5, 6, 9, 21, 22, 27, 28, 29, 34, 35, 36, 37, 40, 41, 48, 49, 50, 72, 99, 100, 102, 107, 115, 116, 117, 119, 128, 135, 136, 137, 145, 146, 147
Projektordner 5, 27

R

Rasierklinge 52, 99, 110
Registerkarte 18, 33, 56, 66, 68, 72, 73, 75, 101, 102, 104, 105

S

Schatten 58, 123
Schneiden ...5, 6, 15, 49, 50, 51, 52, 86, 99
Schnittarten 6, 49, 64

scrollen 6, 42
Shift 9, 55, 69, 128, 141
Sonderzeichen 9, 61, 128, 144
Spuren .6, 25, 41, 42, 43, 64, 95, 96, 97, 151, 154
Startmarker 44, 52, 61, 62
Stoppmarker 44
Storyboard 6, 38, 39
Strg-Taste. 9, 69, 81, 84, 108, 110, 111, 142
Super8 13
Szene...6, 17, 20, 27, 40, 41, 43, 45, 49, 50, 51, 52, 53, 54, 56, 64, 65, 66, 67, 68, 69, 70, 71, 79, 80, 81, 82, 83, 84, 85, 86, 87, 88, 89, 92, 96, 97, 99, 100, 101, 108, 111, 112, 113, 114, 146, 152, 163, 164
Szenenerkennung 87, 88
Szenenübersicht 6, 39, 112

T

Timeline 6, 41, 42, 43, 46, 51, 55, 57, 59, 66, 69, 72, 74, 80, 83, 86, 87, 88, 95, 97, 98, 101, 106, 111, 113, 114
Titel . 7, 9, 19, 42, 55, 56, 57, 58, 59, 61, 62, 63, 64, 78, 86, 111, 133, 137, 144, 146, 147, 161
Titelanimation 59, 64
Tonspuren 8, 41, 91, 94, 95, 96, 99, 100, 149
TV-Anzeigebereich 121

U

Überblendeffekte 74, 78, 86
Untertitel .7, 11, 56, 61, 62, 63, 78, 155

USB 13, 29, 91, 158, 160, 165

V

VHS 13
Videoeinstellungen 33
Video-Grabber 13
VLC 16
VLC Media Player 132
Vorschau... 6, 39, 44, 45, 46, 51, 54, 55, 57, 58, 59, 61, 62, 66, 71, 88, 100, 103, 118, 119, 121, 124, 125, 156, 158
Vorschaumonitor .6, 18, 23, 45, 46, 62, 63

W

WAV 24, 90, 102, 167
Wellenform 8, 93, 94
Windows 7 ...... 14, 18, 21, 34, 104, 132, 137, 146, 148, 174
Windows Vista 14, 18, 20, 132, 137, 148
Windows XP .14, 18, 34, 132, 137, 146, 148, 174
Windows-Explorer 13, 15, 16, 24, 31, 35, 50, 128, 129, 132
Windows-Media-Player 15
WMV 24, 168
www.net4web.de 11, 12, 144, 145

Z

Zeitachse 6, 42, 43
zoomen 6, 43
Zoom-Faktor 74

Haftungsausschluss

Inhalt des Angebotes
Der Autor übernimmt keinerlei Gewähr für die Aktualität, Korrektheit, Vollständigkeit oder Qualität der bereitgestellten Informationen. Haftungsansprüche gegen den Autor, welche sich auf Schäden materieller oder ideeller Art beziehen, die durch die Nutzung oder Nichtnutzung der dargebotenen Informationen bzw. durch die Nutzung fehlerhafter und unvollständiger Informationen verursacht wurden sind grundsätzlich ausgeschlossen, sofern seitens des Autors kein nachweislich vorsätzliches oder grob fahrlässiges Verschulden vorliegt. Alle Angebote sind freibleibend und unverbindlich. Der Autor behält es sich ausdrücklich vor, Teile der Seiten oder das gesamte Angebot ohne gesonderte Ankündigung zu verändern, zu ergänzen, zu löschen oder die Veröffentlichung zeitweise oder endgültig einzustellen.

Verweise und Links
Bei direkten oder indirekten Verweisen auf fremde Internetseiten ("Links"), die außerhalb des Verantwortungsbereiches des Autors liegen, würde eine Haftungsverpflichtung ausschließlich in dem Fall in Kraft treten, in dem der Autor von den Inhalten Kenntnis hat und es ihm technisch möglich und zumutbar wäre, die Nutzung im Falle rechtswidriger Inhalte zu verhindern. Der Autor erklärt hiermit ausdrücklich, dass zum Zeitpunkt der Linksetzung die entsprechenden verlinkten Seiten frei von illegalen Inhalten waren. Auf die aktuelle und zukünftige Gestaltung, die Inhalte oder die Urheberschaft der gelinkten/verknüpften Seiten hat der Autor keinerlei Einfluss. Deshalb distanziert er sich hiermit ausdrücklich von allen Inhalten aller gelinkten/verknüpften Seiten, die nach der Linksetzung verändert wurden. Diese Feststellung gilt für alle innerhalb des eigenen Angebotes gesetzten Links und Verweise sowie für Fremdeinträge in vom Autor eingerichteten Büchern, Gästebüchern, Diskussionsforen und Mailinglisten. Für illegale, fehlerhafte oder unvollständige Inhalte und insbesondere für Schäden, die aus der Nutzung oder Nichtnutzung solcherart dargebotener Informationen entstehen, haftet allein der Anbieter der Seite, auf welche verwiesen wurde, nicht derjenige, der über Links auf die jeweilige Veröffentlichung lediglich verweist.

Urheber- und Kennzeichenrecht
Der Autor ist bestrebt, in allen Publikationen die Urheberrechte der verwendeten Grafiken, Tondokumente, Videosequenzen und Texte zu beachten, von ihm selbst erstellte Grafiken, Tondokumente, Videosequenzen und Texte zu nutzen oder auf lizenzfreie Grafiken, Tondokumente, Videosequenzen und Texte zurückzugreifen. Alle innerhalb des Angebotes genannten und ggf. durch Dritte geschützten Marken- und Warenzeichen unterliegen uneingeschränkt den Bestimmungen des jeweils gültigen Kennzeichenrechts und den Besitzrechten der jeweiligen eingetragenen Eigentümer. Allein aufgrund der bloßen Nennung ist nicht der Schluss zu ziehen, dass Markenzeichen nicht durch Rechte Dritter geschützt sind! Die Erwähnung von Marken erfolgt gemäß §23 Markengesetz. Das Copyright für veröffentlichte, vom Autor selbst erstellte Objekte bleibt allein beim Autor der Seiten. Eine Vervielfältigung oder Verwendung solcher Grafiken, Tondokumente, Videosequenzen und Texte in anderen elektronischen oder gedruckten Publikationen ist ohne ausdrückliche, schriftliche Zustimmung des Autors nicht gestattet.

Datenschutz
Sofern innerhalb des Internetangebotes die Möglichkeit zur Eingabe persönlicher oder geschäftlicher Daten (Emailadressen, Namen, Anschriften) besteht, so erfolgt die Preisgabe dieser Daten seitens des Nutzers auf ausdrücklich freiwilliger Basis. Die Inanspruchnahme und Bezahlung aller angebotenen Dienste ist - soweit technisch möglich und zumutbar - auch ohne Angabe solcher Daten bzw. unter Angabe anonymisierter Daten oder eines Pseudonyms gestattet.

Rechtswirksamkeit dieses Haftungsausschlusses
Sofern Teile oder einzelne Formulierungen dieses Textes der geltenden Rechtslage nicht, nicht mehr oder nicht vollständig entsprechen sollten, bleiben die übrigen Teile des Dokumentes in ihrem Inhalt und ihrer Gültigkeit davon unberührt.

Im Buchhandel erhältlich:

Digitalkamera und dann?

Für Windows XP
ISBN: 978-3-8370-9722-1

Für Windows 7
ISBN: 978-3-8391-1366-0

Sie haben sich eine Digitalkamera angeschafft, können prima fotografieren, wissen aber nicht so richtig, wie Sie die Bilder von der Kamera auf den PC bekommen, dort sicher verwalten können und auch jederzeit wiederfinden? Dieses Buch zeigt Ihnen Schritt für Schritt, wie Sie unter Windows, eine sinnvolle Ordnerstruktur für Ihre Bilder aufbauen können. Sie lernen mit diesem Buch nicht nur das, sondern auch, wie man Bilder weiterverarbeitet (Größe ändern, auch für den Email-Versand, Helligkeit und Farbe anpassen, rote Augen entfernen, Horizont gerade rücken, Retusche usw.). Außerdem wird in diesem Buch anschaulich gezeigt, wie Sie eigene Dia-Shows mit Ihren Bildern erstellen können. Und das Schönste daran ist, dass die eingesetzte Software für den Privatgebrauch kostenlos ist und dabei doch höchsten Ansprüchen genügt. Im Buch befindet sich ein Gutscheincode um 100 Fotos kostenlos bei FUJIdirekt über das Internet zu bestellen (Es fallen nur Versandkosten an).

Mein Fotobuch mit www.aldifotos.de
ISBN: 978-3-8370-2100-4

Erstellen Sie ein professionell gedrucktes und gebundenes Fotobuch mit Ihren eigenen Fotos. In Druck- und Verarbeitungsqualität steht dieses Fotobuch einem gekauften Bildband in nichts nach. Egal ob Sie ein eigenes Fotobuch für einen Hochzeit, einen Geburtstag, eine Taufe oder über den letzten Urlaub erstellen. Sätze wie: „Das Fotobuch ist das Schönste, was ich je am Computer gemacht habe." oder „Meine Geschwister haben geweint, als ich ihnen das Fotobuch zu Weihnachten geschenkt habe.", haben mich bewogen, es doch einmal mit diesem Buch zu versuchen. Zeigen Sie Ihrer Familie und Ihren Freunden, dass Sie mit dem Computer etwas Einzigartiges schaffen können.

Das Computer-Lexikon
ISBN: 978-3-8370-9923-2

In einem Computer-Kurs fragte mich einmal ein Teilnehmer: "Sagen Sie mal, was heißt eigentlich ISDN?" Ich holte aus, um eine Erklärung der technischen Belange abzugeben, wurde aber schnell unterbrochen. Er wollte einfach wissen, wofür diese Abkürzung steht. Da musste ich tatsächlich passen. Diese Peinlichkeit hat zur Entwicklung dieses Nachschlagewerkes geführt. Mehr als 1300 Begriffe aus der Computerwelt werden hier verständlich erklärt. Ach ja. ISDN steht für Integrated Services Digital Network. Das werde ich nie mehr vergessen ☺.

Mit Firefox ins Internet
ISBN: 978-3-8391-0269-5

Als ich das erste Mal in einem Newsletter gelesen habe, dass es einen neuen Browser namens Firefox geben soll, habe ich erst mal die Augen verdreht und gedacht:"Toll. Als ob es nicht schon genug Probleme an Computern zu lösen gäbe, die man nicht haben wollte." Wie das dann aber so ist und kommt, habe ich mir das Programm doch mal heruntergeladen, installiert und damit gearbeitet. Da kam aber dann doch schnell so dieses Wow-Erlebnis hoch. Firefox ist schnell, flexibel erweiterbar, alle Internetseiten, die ich bis heute damit besucht habe, wurden einwandfrei dargestellt. Eine Bekannte hat es mit einem kurzen Satz auf den Punkt gebracht. Mit Firefox läuft wenigstens alles. Gut. *Alles* ist natürlich ein sehr weit ausholender Begriff. Wir wissen aber sicherlich alle, was damit gemeint ist.

Videotricks – Wissen wie's geht
ISBN: 978-3-8423-0695-0
Lieferbar ab Frühjahr 2011

Haben Sie sich auch schon mal gefragt, wie der eine oder andere Trick in einem Kinofilm zustande gekommen ist? In diesem Buch finden Sie zahlreiche Beispiele, die Sie sicherlich in ähnlicher Form schon einmal irgendwo gesehen haben. Diese Tricks nachzustellen ist manchmal sehr banal und einfach. Man muss nur wissen wie es geht. Das Buch zeigt Ihnen alles Notwendige in einer Schritt-für-Schritt-Anleitung. Auf der Internetseite www.net4web.de/downloads/ finden Sie alle notwendigen Dateien um die Tricks mit Magix Video deluxe „nach zu bauen". Auch die fertigen Tricks stehen dort für Sie bereit. Bei der Auswahl der Tricks wurde darauf geachtet, dass Sie entweder ganz kostenlos oder wenn mit einem Minimalbudget von wenigen Euro realisiert werden können.

Windows 7 für den Hausgebrauch
ISBN: 9-783-8423-3602-5

Als ich die erste Beta-Version von Windows 7 auf meinem ältesten Testrechner installiert habe, war ich schon überrascht, wie flott das Betriebssystem auf dieser alten Kiste lief. Da bei mir ein Rechnerneukauf ins Haus stand, stand für mich auch fest, dass es einer mit Windows 7 wird. Bei meinen Tests mit der Beta-Version hatte ich schon gemerkt, dass fast alle meiner alten Programme problemlos liefen. Das war bei der Umstellung von Windows XP auf Windows Vista noch ganz anders. Windows 7 ist viel anfängerfreundlicher als ältere Windows-Versionen. Ich arbeite fast mein gesamtes Berufsleben mit Computern und bin nicht mehr so leicht zu beeindrucken. Windows 7 hat mich aber bisher wirklich überzeugt. An vielen Stellen hat Windows kosmetische Veränderungen erfahren, die vorbildlich sind.

www.ingramcontent.com/pod-product-compliance
Lightning Source LLC
Chambersburg PA
CBHW082329220526
45470CB00008B/2446